扫码看视频·花市植物种养系列

秋季
盆花种养手册

A PRACTICAL HANDBOOK
OF AUTUMN POTTED FLOWERS&PLANTS

花园实验室 等 著

U0255624

中国农业出版社

目 录 CONTENT

从这个秋季开始种花吧！

PART 1

 种植基础

秋天适合种花的季节！
· 天气凉爽，植物恢复生长快
· 即将进入冬眠，适合换盆换土
· 干燥，少病害

秋季的气候特征
· 干燥
· 晴朗
· 前期有秋老虎
· 后期有寒潮，突然的寒风会把花儿吹伤

秋季的种植要点
· 秋季的天气干燥，植物需要及时补充水分，有时因为空气湿度低，还会发生叶子焦边的现象。这时可以用喷雾器来喷雾提高空气湿度
· 秋天的病虫害相对较少，但是会发生红蜘蛛，蓟马和白粉虱。偶尔也可以看到白粉病

盆花选择的要点

植株

选择株型端正，均衡的花苗，大多数花市的盆花要想回家来再矫正株型都十分困难了。

花

花刚刚开始开放，还有较多花苞的植物更持久。

叶子

健康油亮，没有病虫害。特别注意要翻过叶子来看看，多数害虫都潜藏在叶子背面哦。

根部

翻过花盆来，看看根系会不会太多或太少。过分盘根或是摇摇晃晃没扎稳根的植物都不好。

土

检查盆土表面是否干净，没有杂草和青苔、发霉的叶子等。清洁的花苗证明它来自优秀的苗圃，更健康。

从第一盆秋花开始吧！简单的四季秋海棠！

从花市买到第一盆花，拿回家后应该怎么处理呢？通常的方法有两种，放在套盆里观赏，或者立刻移栽。

海棠是生长性好，开花旺盛的植株，两种方法都可以。

为花儿准备一个新家

花市里买到的花通常是种在营养钵或是比较简陋的育苗盆里。拿回家我们需要为它们换盆，或是套上一个套盆来欣赏。更高级的还可以利用花市的盆花制作组合！

套盆

套盆可以是塑料的，也可以是草编、金属或是陶瓷的，下面一般没有孔，浇水时不会漏出来，可以保持环境的清洁。要注意套盆里一直积水会导致植物烂根，浇水后我们要把套盆的水倒出来。

花盆

花盆有塑料的，也有陶的，瓷的。一般来说陶盆透气、对需要干燥的植物有利，塑料盆和瓷盆保水，对需要水分的植物有利。

条盆

除了普通的圆形花盆，还有长条形的条盆，条盆适合种植数棵植物，也可以用作组合盆栽，还可以播种育苗，种植蔬菜，可谓用途多多。

种植的工具

水壶

    用来给植物浇水的小水壶，可以是专用的水壶，也可以用矿泉水瓶或饮料瓶来代替。

喷壶

    用来给植物喷药或清洗叶子的喷壶，有各种尺寸，选择自己适合的就可以了！

花铲

    种植时加土、拌土和挖土用的产子，可以准备大小各一把。

花剪

    为植物修剪残花用的剪刀。还可以准备一把修剪用的修枝剪。

标签

    写上植物活品种的名字，免得事后遗忘。

土 肥 药

营养土

在花市里可以买到各种营养土，通常成分是泥炭、椰糠、珍珠岩、蛭石。重量轻，透气和保水性都不错，家庭养花推荐使用营养土。也可以自己购买相应的材料配制营养土。

园土

农田或花园里的泥土，常常含有杂菌、虫卵等，用来在城市里种花并不是特别适合。如果觉得营养土太轻或太不容易保水，可以准备一些掺加到营养土里。一般用量是 1/3~1/4。

底石

放在花盆底部的透气石块，可以是大颗粒的陶粒或是轻石，也可以用小石头或是碎瓦片。

家庭种花不可缺少肥料，肥料分为有机肥和化肥，有机肥环保、持久，有利于构造健康的土壤和整体环境。化肥则见效快，使用方便，没有异味。可以根据自己的需求选择。

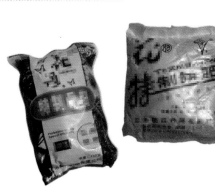

有机肥

骨粉　补充氮磷钾中的磷和钾元素，有利于开花和根系成长。

饼肥　补充氮磷钾中的氮元素，有利于育苗和叶子生长。

化肥

缓释肥　有一层包膜的化肥，通常复合了各种元素，释放期也不同。适合用作底肥。

水溶　直接喷施或浇灌的肥料，见效快。有壮苗的氮肥和开花的磷肥，以及全生长期可用的均衡肥。

药

杀虫剂　吡虫啉，阿维菌素，生物性的苦参碱等。

杀菌剂　百菌清、多菌灵等，可以用于各种细菌疾病和消毒。

移栽到新的花盆

1 选择一个新花盆，通常是比原来的花盆大 1 圈

2 在花盆里放入底石

3 在花盆里加土

4 大约加到 1/3 处

5 将花苗的营养钵脱掉

6 放入花盆，要放在正中间

7

加入营养土

8

加到距离盆边
1~2厘米处，
浇水后土会陷
下去一些

9

加入缓释
肥颗粒

10

轻轻按压，
将缓释肥
埋到土里

11

如果植株有
点歪斜，调
整到端正

12

充分浇水，
完成

种植邮购的花苗

最近很多花友喜欢在网上淘宝，在网店里可以买到花市里更丰富的品种，但是需要注意的是网购的花卉经过打包和长途运输，到达我们手里的时候通常状态会有些不佳，在处理网购花苗时需要更加及时和小心。

← 网购花苗收到后要及时开包

准备一个合适的花盆

↑ 因为长途运输，植物会有些脱水，严重的可以用水桶浸泡 1~2 小时

在花盆里加入底石和土 ➡

← 整理花苗,放到
花盆中央

↑ 加入营养土

↑ 加到距离盆子边缘 1~2 厘米

充分浇水。因为叶子有些
打蔫,可以喷些水 ↓

缓苗

　　缓苗是将移栽、修剪或生病处
理后的花苗放在阴凉的地方修养,
等待植物恢复生机。缓苗期间要仔
细观察,耐心守护。除非叶子打蔫
得严重,通常不用特别去喷水。

放在套盆里观赏

要注意套盆里一直积水会导致植物烂根，浇水后我们要把套盆的水倒出来。

1 套盆 ↑

准备合适的套盆，通常是比买来的花盆稍大一点

2 放入 ↑

将植物放入套盆里

3 加肥 ↑

在植株表面添加一些缓释肥料，稍微盖土

4 浇水 →

完成，浇水

种植秋季球根

秋季是种植球根的季节，在秋季种植的球根通常在春天会开出美美的花束，为了春天的美丽，秋天来种下球根吧。

1 ↑ 选择健康的球根

2 ↑ 在花盆里填入 1/3 左右的营养土，放入球根，球根的花芽已经孕育在里面了，可以放得密集一些

3 ↑ 加入营养土。

4 ↑ 大约到距离盆边 1~2 厘米处，完成

PART 2

 菊科植物

我国的传统文化里，四季的花卉分别是春兰、夏荷、秋菊、冬梅，这个说法是非常有道理的，在我国大部分地区的气候条件下，秋天里开放得最多、最灿烂的莫过于菊花了。虽然我们一言蔽之都叫做菊花，实际上这些菊花是有着不同的来源的。

· 来自美洲

大丽菊、波斯菊、堆心菊、百日草

· 来自亚洲

小米菊、菊花、紫菀

· 来自欧洲

紫菀

菊科植物生命力旺盛，有着独特的芳香，较少病虫害，是相对容易管理的植物

菊花

Dendranthema morifolium

别名：黄花、秋菊等
科属：菊科菊属
原产地：中国
习性：宿根草本
生长特性：有一定耐寒性，
短日照植物，喜凉爽气候

速查小卡片

所需日照：
所需水分：
耐寒性：❋❋❋
耐热性：☼☼
栽培难度：★★
用途：观赏

菊　花

菊花为多年生草本，高 60~150 厘米。茎直立，叶互生，叶片卵形至披针形。花期 9~11 月，花直径 2.5~20 厘米，大小不一，单个或数个集生在茎枝顶端；因品种不同，花型差别很大，有单瓣、平瓣、匙瓣等多种类型；花色则有红、黄、白、橙、紫、粉红、暗红等各色。

生长特性

菊花的适应性很强，喜凉，较耐寒，生长适温 18~21℃。喜充足阳光，但也稍耐阴。较耐干，最忌积涝。

浇水要点

春季菊苗幼小，浇水宜少；夏季菊苗长大，天气炎热，蒸发量大，浇水要充足；立秋前要适当控水、控肥，以防止植株蹿高疯长。立秋后开花前，要加大浇水量并开始施肥，肥水逐渐加浓；冬季花枝基本停止生长，须严格控制浇水。

种植用土

菊花喜欢深厚肥沃、排水良好的沙质土壤，不可积水。

环境地点

家庭适宜种在采光良好的阳台或者庭院，菊花开的时候可以临时搬进室内放在几案花架上欣赏，时间不应超过一周。

肥料管理

在菊花植株定植或每年冬季换盆时，盆中要施足底肥，底肥可用发酵鸡粪等有机肥或是颗粒缓释肥。立秋后从菊花孕蕾到现蕾时，可每周施一次水溶液体肥；含苞待放时，再施一次液体肥，之后停止施肥。

病虫害

菊花上重要的害虫有蚜虫类、蓟马类、夜蛾和叶螨等。少量害虫的发生不会影响花的品质，介意的话可以喷洒高效低毒的杀虫剂，家庭少量盆栽的话也可以手工抓除。

日常管理

菊花的适应性很强，日常也不用给予很多特殊的关照，属于比较容易种植的花卉，生长过程中可以通过打顶、控水、控肥的方法来控制植株的高度。当然，如果喜欢，也可以放任自流，让它长成自然高大的株型。

繁殖方法

春季剪下从地面萌发的脚芽扦插繁殖。

特性

菊花为短日照植物，喜温暖湿润气候，最适生长温度为21℃左右，每年8月中下旬日照减至13.5小时，最低气温15℃左右时开始花芽分化；菊花喜阳光，但是夏季也要避免烈日直射；较耐旱，怕涝，亦能耐寒，但多数名贵品种不能露地过冬

购买方法

每年9~10月上市销售，价格随品种名贵程度以及植株的造型有异，花色花型多种多样，挑选时注意查看有没有蚜虫等虫害

用途

菊花生长旺盛，萌发力强，一株菊花经多次摘心可以分生出上千个花蕾，有些品种的枝条柔软且多，便于制作各种造型，组成菊塔、菊桥、菊篱、菊亭、菊门、菊球等形式精美的造型

小米菊

别名：欧洲小米菊

科属：菊科菊属

原产地：中国原产，欧洲改良

习性：多年生草本

生长特性：喜光耐高温、耐寒，适应性强

速查小卡片

所需日照：⛅⛅⛅

所需水分：💧💧💧

耐寒性：❄❄❄

耐热性：☼☼☼

栽培难度：★

用途：观赏

小米菊

市场上作为园艺的小米菊又叫欧洲小米菊，实际上它和中国菊花一样都是原产中国的，只是经过欧洲园艺改良而成。小米菊个子比较小，成株高度 20~40 厘米，株型紧凑，只要适当地打打顶，她就能自然分枝长出很多小花头。有粉、黄、玫红、橙色等，品种繁多，颜色鲜艳，适应性强，容易爆盆，不易倒伏，枝干笔直，花期很长，可以从初秋一直开到入冬。

生长特性

喜欢温暖阳光充足的环境，高温季节保持通风，耐寒，根据品种不同抗寒性有差异，但大部分品种在安徽、山东等地均可露地越冬。

浇水要点

需要充足的水分，特别是夏季高温季节早晚都要记得浇水，保持盆土湿润。梅雨季节最好不要淋雨，会容易烂根。

种植用土

排水良好的沙壤土。

环境地点

阳光充足且通风的阳台、窗台、庭院等。

肥料管理

买回来的盆栽一般都是生长最旺盛的时候，花朵的生长发育都已完成，所以施肥已经没有什么大的效果了，可以在花后修剪枝条后施加液体肥和缓释肥。

病虫害

常见的病害有灰霉病和白绢病，常见的虫害有蚜虫、菊叶螨、红蜘蛛、粉虱等。轻度的病虫害对它们的生长不会有很大的影响，如果介意的话可以用家庭园艺用杀虫剂喷洒。

日常管理

小米菊适应性强，平时不需要特殊打理，只要适当地掐掐顶，让它们多长分枝就能看到美丽的花花啦。

繁殖方法

扦插繁殖。一般春季用植株基部新生的芽来扦插，成活率较高。

特性

喜阳光充足的环境，耐高温、耐寒、抗病性强

购买方法

国庆前后在花市可以买到各种色彩的小米菊，挑选株型饱满、花枝多的，注意翻看叶背上是不是有虫卵

用途

最好是盆栽，因为小米菊抗病性强又抗寒耐旱，有可能生长太快，妨碍了周围植物的生长

紫色品种

紫色品种

黄色品种

红色品种

小米菊有非常多的品种，相比高大的传统菊花，小米菊花更适合盆栽，花形和花色都非常多样，每年还不断有新的品种出现

秋天市场上可以买到很多小米菊品种，带回心爱的小米菊后，可以立刻为它进行换盆，也可以等到花开谢后再换。立刻换盆的好处是换上美丽的新盆，欣赏起来比较美观，而且稍大的盆器也有利于小米菊早日生根。小米菊是多年生植物，只要好好呵护，它会持续一年又一年开放。

小米菊换盆后可以放在阴凉的地方缓苗 2 天，然后就可以拿到太阳下正常管理了。

1 购花 ↑

买来的盆花通常是带有很多花苞或是已经开放的

2 加底石 →

在花盆里加入底石

3 加土 ↑

加入准备好的营养土

4 松动 →

拿起小米菊花苗，松动营养钵和土

5 拿出植株 ←

拿出植株，如果已经盘根，
就用手轻轻松动，也可以
用剪刀划几个小口

6 放入 ↑

放入新花盆中间

7 继续加土 ↑

加入准备好的营养土

8 加肥 ↑

加入缓释肥

9 完成 ←

整理盆土，轻轻拍打盆
壁，让土壤均匀。浇
水，完成

紫菀

Aster totaricus

别名：柳叶菊、纽约紫菀
科属：菊科紫菀属
原产地：北美
习性：多年生宿根草本
生长特性：喜阳光，喜湿
润也耐干旱、耐寒、耐贫瘠

速查小卡片

所需日照：☁☁☁
所需水分：💧💧
耐寒性：❋❋❋
耐热性：☼☼
栽培难度：★
用途：观赏、药用

紫菀

荷兰菊株高 50~100 厘米，有地下走茎，茎丛生、多分枝，叶呈线状披针形，在枝顶形成伞状花序，花色蓝紫或玫红、淡蓝、白色，色彩艳丽，一般花期在 8~10 月，有些品种可春、秋两季开花。

生长特性

耐旱耐贫瘠，适应性强，注意不要过度施肥。

浇水要点

见干见湿。它们耐旱，但也不可过干，天旱时注意浇水。

种植用土

对土壤要求不严，适宜在肥沃、排水良好的沙壤土或腐叶土上生长。选择向阳、肥沃、排水良好的地方栽种。

环境地点

喜欢阳光充足和通风的阳台或者庭院。

肥料管理

小苗 7~10 天追肥 1 次，秋后肥料加浓，有花蕾以后 4~5 天 1 次。

病虫害

主要有白粉病、锈病，注意保持通风，不要过多施肥。偶尔有蚜虫、红蜘蛛等害虫影响生长，发现后喷洒药剂除灭。

日常管理

生长期适当摘心并增加肥水以使花朵繁茂，但要注意避免肥水过大，以防止徒长。9 月后最好不要再修剪了，会影响开花。

繁殖方法

在 4 月 20℃左右播种，发芽适温 15~18℃。扦插于春、夏季进行，在 18℃条件下 10 天左右可生根。分株时间一般选择在初春土壤解冻、母株刚长出丛生叶片后，初秋花后亦可进行分株。

购买方法

入秋后可以在花市找到它们，选择株型整齐、花苞多、叶片油亮的盆栽。

其他

荷兰菊的适应性强，像极了它的花语：不畏艰苦。虽然它喜欢阳光充足和通风的环境，但是对环境的要求很随和，它耐贫瘠、耐旱、耐寒性强，在中国东北地区可露地越冬。

大丽花和
小丽花

Dahlia pinnata Cav.

别名：大理花
科属：菊科大丽花属
原产地：墨西哥
习性：多年生草本
生长特性：喜阳，也耐半阴、凉爽
气候，不耐旱，不耐涝、不耐霜

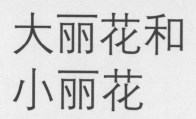

速查小卡片

所需日照：⛅⛅
所需水分：💧💧
耐寒性：❄
耐热性：☼ ☼
栽培难度：★★
用途：观赏

04

大丽花和小丽花

大丽菊为多年生草本，强健，花期长，只要冬季挖出块根保存，次年再种下，就可以年年有花看。茎直立，多分枝，株高 40~150 厘米，新鲜的地下块根就好象泥土色的红薯。花期 5~11 月，花形多样，多为重瓣，也有单瓣。花径小到茶盏，大到碗碟，花色有红、橙、紫、粉红、黄、白等各色。

生长特性

大丽花喜凉爽气候，生长期以 10~25℃ 最为适宜。

浇水要点

大丽花喜水但忌积水，既怕涝又怕干旱，因为是肉质块根，浇水过多根部易腐烂。因此盆栽的话，浇水要掌握"干透浇透"的原则，地栽则不必经常浇水。

种植用土

适宜排水良好的肥沃、疏松土壤。盆栽可使用透气的营养土。

环境地点

采光良好的阳台或者庭院。夏季注意遮阴，9 月以后白天要有意识地提高周围小环境的温度，例如白天移动到全日照的阳光下。这样白天温度高、夜间温度低，较大的昼夜温差对大丽花的花色及块根的膨大都是极为有利的。

肥料管理

大丽花为喜肥植物，必须有充足的肥料供给，否则易引起花朵变小，色泽暗淡，观赏性降低。根据生长情况薄肥勤施，夏季高温超过 30℃ 时就不要施肥了。

病虫害

主要有白粉病、褐斑病，在 6~10 月危害大丽花的叶片嫩茎、花柄和花芽，影响正常生长，可用多菌灵兑水喷雾防治。早春易发蚜虫、红蜘蛛病害，危害叶片，发现后喷药。

日常管理

大丽菊是比较强健的植物，在生长期请保证充足光照，光照不足会引起枝条徒长，不能开花或少开花。大丽花贪肥，但追肥要适量，促使茎叶繁茂、茎挺。在冬季会到 -5℃ 的地方，地栽大丽花为防块根受霜害，应于霜前或轻霜后掘出块根，盆栽大丽花可剪去茎叶，带盆放在无加温的室内休眠。

繁殖方法

春季分根（株）繁殖播种、春末初夏扦插。

购买方法

每年的春秋两季，大丽菊会在花市含羞等你领它回家，花市品种相对少，但是价格便宜，大株盆花也价格亲民。选购时要挑选矮壮、无病虫害的植株，仔细翻看叶片是否健康平整、背面是否有红蜘蛛等害虫，最好挑选分枝多，花蕾多的花苗，这样才会长得美美哒！如果喜欢较新的品种和花色，也可以在冬季到网上选择购买新鲜的块根和种子

特性

大丽花喜半阴，阳光过强影响开花，同时茎部脆嫩，经不住大风侵袭，千万别让它迎着大风吹，否则会拦腰折断。此外，跟大部分草花一样，大丽菊不喜欢过多浇水，否则很有可能烂根，甚至死亡

小丽花为大丽花的矮生类型，形态与大丽菊相似，但植株更为灵巧可爱，多分枝，一个总花梗上可着生数朵花，花茎 5~7 厘米，花色花形富于变化，也有单瓣与重瓣之分。如果说大丽菊是艳丽的贵妇，那小丽花就像活泼的女孩，喜欢清新风格的或是阳台族，可以选择娇小可爱的小丽花。习性上大丽花和小丽花基本一致

粉色品种

红色品种

红色品种

紫色品种

⬆ **秋季花市里的小丽花**
小丽花套上草编的套盆就可以
摆放观赏了。也可以用几种颜
色的小丽花做成组合

⬆ 大丽菊在我国西部特别多见，
常见西部藏族同胞的房前屋后
都种满了绚烂的大丽菊

⬅ 大丽菊与观赏草搭配得
非常合适，可以和多种
植物搭配，也可以单独
种成美丽的小品

堆心菊

Heleniun bigelovii

别名：团子菊
科属：菊科堆心菊属
原产地：北美
习性：多年生草本花卉
生长特性：喜温暖、向阳环境，抗寒、耐旱

速查小卡片

所需日照：⛅⛅⛅
所需水分：💧💧💧
耐寒性：❋❋
耐热性：☼☼
栽培难度：★
用途：观赏，药用

堆心菊

堆心菊是最近刚刚引入国内的多年生花卉，也有一年生的春花品种。花瓣和普通单瓣小菊花很像，但是花心特别突出，高高隆起，看起来就像簇拥着一个个小圆球。花色有黄色和橘红色，花期 7~10 月，南方也可以持续到入冬。

生长特性

性喜温暖向阳环境，抗寒耐旱，适生温度 15~28℃，不择土壤，播种繁殖。

浇水要点

堆心菊耐旱，生长期每周浇水 1 次。

种植用土

不择土壤，在田园土、沙壤土、微碱或微酸性土中均能生长。

环境地点

喜温暖、向阳环境，家庭栽植选择光照良好，通风透气的地方即可。

肥料管理

堆心菊对水肥要求不高，栽植前加施基肥就能茁壮成长，开出满满的花来回报你。

病虫害

堆心菊生性强健，保持足够的光照和通风就不大容易遭受病虫害。

日常管理

一般 8~9 月育苗，翌年春季 3 月中旬移植。栽植前要加施基肥。生长期每周浇水 1 次。花谢后及时修剪枯枝叶以促使花蕾形成。

繁殖方法

宿根品种分株繁殖或播种繁殖。

购买方法

堆心菊一般初秋开花，7~10 月花市可见售卖，购买时选择植株健壮，叶色浓绿，花苞繁多，无病虫害的为好。

孔雀草

Tagetes patula L.

别名：小万寿菊、红黄草、西番菊、
臭菊花、缎子花
科属：菊科万寿菊属
原产地：墨西哥
习性：一年生草本
生长特性：喜光也耐半阴，适应性强
入手方法：播种、扦插、购苗

速查小卡片

所需日照：⛅⛅
所需水分：💧
耐寒性：❄
耐热性：☀ ☀
栽培难度：★
用途：观赏、药用

孔雀草

　　孔雀草，如向日葵一般，永无止境的追逐着太阳。它拥有细小的叶子、柔软的茎、朴素的花朵。它的生命力极强，在庭院里，一片一片的孔雀草，就像孔雀的羽毛一般，把庭院点缀的可爱绚烂。

生长特性

　　喜温暖和阳光充足的环境，比较耐旱，对土壤和肥料要求不严格。孔雀草较耐寒，它经得起早霜的侵袭，生长温度10~38℃，最适温度为15~30℃。5℃以下要注意防寒。盛夏酷暑期花量较少。

浇水要点

　　浇水见干见湿。

种植用土

　　对土壤要求不严，耐移栽。

环境地点

　　阳光充足的阳台、庭院。

肥料管理

　　生长期7~10天施肥1次即可。

病虫害

　　病害主要有褐斑病、白粉病等真菌性病害，注意排灌杀菌。虫害主要为红蜘蛛，可用氧化乐果防治。

日常管理

　　成株无需特别管理，盛夏时花少，可全面剪短一次。立秋后在新生侧枝顶部又可开花，也可以不剪短，只是植株比较松散。

繁殖方法

　　播种繁殖要求气温高于15℃，北方适宜春播，在气候温暖的南方四季均可播种。扦插主要在初秋选取健康的嫩枝进行。

购买方法

　　可在花市寻觅到它们的身影。挑选株型紧凑且花朵较多的植株，观赏性较强。

换盆步骤

刚买回来的孔雀草有时是种在比较差的泥土里，这时就需要为它换个盆，换些土，让它更加健康的成长。

1 准备 →

准备一个比花苗略大的花盆以及营养土。在花盆底部填入部分营养土

2 取出 ←

取出花苗，轻轻松动根部的土壤

3 放入 →

放到新的花盆里，注意放在正中间位置

4 营养土 ←

加入营养土

5 施肥 →

接近加满的时候，放入大约
5克的缓释肥

6 加土 ↑

继续加土，直到接近盆边下
2厘米处

7 浇水 →

充分浇水，完成

从春天开始，花市里就有出售各式各样的孔雀草。像这样种在比较好的花盆和营养土里的孔雀草，可以用一个藤编的套盆套上，就可以欣赏了。不过过段时间，等到花谢后，最好还是借着剪残花的时候给它换盆和加肥。

百日草

Zinnia elegans Jacq.

别名：步步高
科属：菊科百日菊属
原产地：墨西哥
习性：一年生草本
生长特性：喜温暖、不耐寒、喜阳光

速查小卡片

所需日照：⛅⛅
所需水分：💧💧
耐寒性：❅
耐热性：☀☀
栽培难度：★
用途：观赏

百日草

百日草为一年生草本，非常容易种植，常见的混合野花种子包里就有它。茎直立，日照佳，分枝多，株高 30~100 厘米，叶片长卵形，花期 6~9 月，花朵有单瓣、重瓣，花径 4~8 厘米，花色有红、紫、橙、白、粉红等各色。最近有一种花形和植株都更小的小百日草，颜色有红、粉、白、黄色，更适合盆栽和吊篮栽培。

生长特性

百日草喜温暖向阳、不耐酷暑高温和严寒，生长适温白天 18~20℃、夜温 15~16℃。夏季生长尤为迅速。可直接采用全日照方式，太阳直射。若日照不足则植株容易徒长，抵抗力亦较弱，此外开花亦会受影响。

浇水要点

见干见湿，及时浇水和排涝。地栽浇水粗放管理，土表干了就浇水。

种植用土

适宜栽培于排水良好的肥沃、疏松土壤。

环境地点

采光良好的阳台或者庭院。

肥料管理

定植时加入底肥，生长期每月施肥1~2 次，现蕾时可喷施花多多等磷钾肥。

病虫害

主要有花叶病、褐斑病。被侵染植株的叶子变褐干枯，花瓣皱缩，叶、茎、花均可遭受此病危害。易发蚜虫、红蜘蛛病害，保持种植环境通风及充足光照非常重要，预防为主，发现后及早处理。

日常管理

百日草是非常强健的植物，生长期给予全日照，可促进分枝，也可适当的摘心以促进植株矮化、花朵增加。花凋谢后要及时剪除枯花，以减少养分流失。

繁殖方法

春季播种。

购买方法

春季在花市多有小盆栽，可根据自己的需要挑选苗株。如阳台上种植可选择低矮的品种，庭院栽植则可选择稍微高点的品种。选购时注意查看嫩芽和叶片背面是否有蚜虫、红蜘蛛等病虫。

其实百日草并不适合移栽，最好的方法还是直接播种。

百日草根据株型不同运用方法也不同，垂吊品种可以种在高坛上或大盆里，让它垂吊下来。

小型的直立品种可以成片种植或摆放，因为株型整齐，也可以用于组合成字体或是图案，是公园、学校等机构打扮国庆气氛的好帮手。

波斯菊

Cosmos bipinnata Cav.

别名：大波斯菊、秋英
科属：菊科秋英属
原产地：美洲墨西哥
习性：一年生或多年生草本
生长特性：喜光，耐贫瘠，忌
肥，忌炎热，忌积水，不耐寒

速查小卡片

所需日照：☁☁☁
所需水分：💧
耐寒性：❄
耐热性：☀☀
栽培难度：★
用途：观赏、药用

波斯菊

如果你去过云南、西藏或者青海、甘肃，在路边经常会看到一片一片潇洒飘逸的花海，粉的、白的、红的，也许有的还有花边，颇富诗意，当地人常叫它格桑花，其实它的正确名字是波斯菊。

波斯菊为一年生或多年生草本，高1~2米。细茎直立，头状花序着生在细长的花梗上，按照品种不同，有单瓣、重瓣、管状等多种花形，花色则有红、白、粉红、深红等色。

生长特性

波斯菊喜光，耐贫瘠土壤，忌土壤过分肥沃，忌炎热，忌积水。喜温暖和阳光充足环境，怕半阴和高温。

浇水要点

定植后浇水要见干见湿，切忌积水。

种植用土

波斯菊对土壤要求不严，只要不积水、不太过肥沃就可以。盆栽可以用普通营养土。

环境地点

在采光良好的阳台上种植几盆波斯菊，或者在庭院中种植一片。

肥料管理

在植株定植时，盆中要施足底肥，之后在生长期就不必再施肥了，过多的肥料会造成枝条徒长、开花减少。植株现蕾后可每隔10天施加稀释后的缓释肥。

病虫害

通风不良会发生白粉病，对波斯菊们造成很大的伤害。入夏之前通过增施磷肥和钾肥的方法来防止红蜘蛛的伤害。病虫害严重的时候要及时剪除病枝，同时喷洒药液。

繁殖方法

春季播种，可直接播种在地里或是花盆。盆土浇透后再播种，出苗后要注意水分管理，不可干旱。一两个月后可见表面干燥时再浇水，浇水最好用多眼喷壶，以防止冲出小苗的幼根。有真叶4片左右即可定植。

购买方法

在夏末秋初的花市里，会有盆栽售卖。可以按照个人的喜好选择矮壮的或者落差有序的盆栽回家观赏。波斯菊的种子大，发芽容易，也非常适合新手练习播种。

硫华菊

Cosmos sulphureus

别名：黄秋英、黄花波斯菊

科属：菊科秋英属

原产地：墨西哥

习性：一年生草本植物

生长特性：喜阳耐半阴，耐寒性一般

入手方法：播种，购买

速查小卡片

所需日照：⛅⛅⛅

所需水分：💧💧

耐寒性：❄❄

耐热性：☼☼

栽培难度：★

用途：观赏

硫华菊

硫华菊为菊科秋英属一年生草本植物，是由大波斯菊和同属其他种自然杂交形成。硫华菊株型较凌乱，没有规律，富于野性；颜色火辣，不管是黄色的，金黄色的，橘红色的，还是红色的，都那么火辣辣的耀眼，色艳，奔放，毫不含蓄，具有野性美！

现在硫华菊是广泛栽培的园艺花卉和切花材料。硫华菊株形较凌乱，因此适合丛植，无法像大波斯菊一样可用来布置花境。

生长特性

花期长，为 6~11 月，而一般来说，春播硫华菊花期6~8月，夏播花期9~10月。开直径 3~5 厘米的黄、金黄和橙色花，而在改良种中有开红色花朵的品种；中心管状花为黄色或褐红色。其花形有单瓣和重瓣两种，园艺市场出售的是基本上是重瓣品种。

浇水要点

硫华菊在贫瘠的土壤中只需适量水就可以正常生长，是生命力顽强的植物，易于养护。

种植用土

硫华菊对土壤要求不高，在贫瘠的土壤中也可以生长。盆栽可以用普通土栽培。

环境地点

阳光明媚的天气有利于硫华菊开花，但也可耐受半阴条件。在阳光不充足的环境下虽然可勉强栽培，但易徒长。

肥料管理

硫华菊对肥料要求不高，多肥反而会长得过高。

病虫害

在初夏的新芽附近会有蚜虫生长，相比其他花卉是少病虫害的植物。

日常管理

硫化菊植株耐旱能力强，不易受病虫侵害，可以说是非常适合新手和懒人的植物。

繁殖方法

播种。发芽需要 7~21 天，最适温度为 24℃，发芽 50~60 天后开花。

购买方法

硫华菊具有野性美，不太适合单株盆栽，但是如果你有一片空地，播种硫华菊绝对可以形成灿若夏阳的花海景观。

PART 3

 盆栽美花

在花市出售的花卉里很多都是适合盆栽的，这些花卉其实在很多季节都会在市场上看到，并不都是严格意义上的秋花。但是因为秋天特殊的气候条件，有的花卉会在秋天购买后特别容易成活，或者能够持续观赏的时间较长，例如微型月季可以说一年四季都有，但是秋天是最适合买回家移栽养护的季节，所以我们也把它们也收录到了本书里。

微型月季

Rosachinensis minima

别名：钻石玫瑰
科属：蔷薇科蔷薇属
原产地：英国、德国
习性：多年生矮生灌木
生长特性：喜温暖、喜肥、喜
光、较耐寒。

速查小卡片

所需日照：☁☁☁
所需水分：💧💧
耐寒性：❄❄
耐热性：☼☼
栽培难度：★
用途：观赏

微型月季

微型月季是现代月季的一种，植株较为矮小紧凑，植株高度不超过 30 厘米，茎直立，分枝多，植株以伞形或球形为主。一年多次开花，花朵娇小，直径 2.5 厘米左右。花形多样，花色丰富，包括单色、双色、复色、间色、变色、混色等。自然花期 4 月上旬到 11 月上旬，单花期 10~30 天。

浇水要点

见干见湿。过多的水分容易使得叶片发黄脱落，而如果缺水的话，植株会比较难恢复。

种植用土

对土壤要求不严，但以疏松透气，有机质含量丰富，pH 在 5.5~6.0 的微酸性土壤为宜。

环境地点

阳光充足、空气流通的阳台、露台、庭院。

肥料管理

微型月季喜肥，春秋两季生长旺盛时，每隔 10~15 天追有机肥或复合肥 1 次，夏季高温季节和冬季低温时停止施肥。

病虫害

主要病害有白粉病、灰霉病、黑斑病等。平时要注意观察，清除枯枝落叶，在发芽前后喷洒石硫合剂或甲基硫菌灵预防。

常见害虫有蚜虫、红蜘蛛和切叶蜂等，可及时选用杀虫剂喷杀。

日常管理

关键是通风、通风、通风！修剪也非常重要。每次花后连同花下枝条剪去 8~12 厘米。春季发芽前应重剪，以整形为主，剪去枯枝、病虫枝、细弱枝、交叉枝等，一般只留 3~4 个主枝，每枝基部留 3~5 厘米。在秋季来临之前应该还有 1 次修剪，以促使秋花多而大，剪掉侧枝、剪短主枝，留 20 厘米左右的长度，让其发粗枝状枝。另外，每隔 1~2 年在春季萌芽前翻 1 次盆，修剪根系，更新盆土。

繁殖方法

多用扦插法，一年四季均可进行，以冬季或秋季最佳。

购买方法

在五一节或国庆节前后，挑选株型饱满、枝条健壮、叶片油亮无斑点的植株，如果能从盆底看到有冒出来的根就更好了。

仙客来

Cyclamen persicum

别名：兔耳花、兔子花
科属：报春花科仙客来属
原产地：地中海沿岸
习性：多年生草本
生长特性：喜凉爽、湿润
及阳光充足的环境

速查小卡片

所需日照：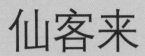
所需水分：💧
耐寒性：❄
耐热性：☼
栽培难度：★★
用途：观赏

06

仙客来

仙客来是多年生草本植物。块茎扁球形，直径通常 4~5 厘米，具木栓质的表皮，棕褐色。叶柄长 5~18 厘米，叶片心状卵圆形，直径 3~14 厘米，花葶高 15~20 厘米。花单生于花茎顶部，花朵下垂，花瓣向上反卷，犹如兔耳。花有白、粉、玫红、大红、紫红、雪青等色，基部常具深红色斑，花瓣边缘有全缘、缺刻、皱褶和波浪等。

生长特性

生长和花芽分化的适温为 15~20℃，湿度 70%~75%，冬季花期温度不得低于 10℃，若温度过低，则花色暗淡且易凋落。温度达到 28~30℃时植株休眠，若高于 35℃，则块茎易于腐烂。幼苗较老，植株耐热性稍强。

浇水要点

切不可浇大水，浸盆或者沿着花盆壁浇是比较好的方法。建议浸盆，在叶子轻度萎蔫时浸盆，时间约 15 分钟。沿着盆壁浇水的话千万不要让它毛茸叶子沾上水滴，否则叶子会腐烂。茎也最好不要碰到水，宁愿干一点也不要太湿。

种植用土

疏松、肥沃、富含腐殖质、排水良好的微酸性沙壤土。

环境地点

仙客来不能太晒，也不耐太阴，否则光合强度明显下降。可摆放在书房、客厅、餐厅的明亮散射光处。

肥料管理

一般家庭养护的话无需施肥，如果想让它花期长、花朵大、颜色艳丽的话，可以在现蕾后至开花期间每半个月施 1 次磷肥。

病虫害

家庭种植病虫害较少。主要病害为灰霉病和软腐病，可通风降低空气湿度。

日常管理

平时放置在室内向阳处，6 月中旬开始休眠，休眠球茎放在通风阴凉的地方并保持一点湿度。9 月中旬休眠球茎开始萌芽的时候换盆，盆土不要太多，稍微露出点球茎。刚换盆后控制浇水，盆土以稍干为好。

繁殖方法

秋季播种。温度 18℃，约 21 天发芽。无需光照，覆膜播种。

特性

喜凉爽、湿润及阳光
充足的环境。喜欢通
风，但要在背风处，
勿放在风口上

购买方法

秋季上市。选购的时
候选择植株挺拔，叶
片和花葶坚挺的盆
栽，注意翻看叶背是
否有病虫害

用途

仙客来花期长，从
10 月至翌年 4 月
均花开不断。它们
的花期适逢圣诞
节、元旦、春节等
传统节日，摆放在
案头、阳台、餐桌
可增添不少节日
气氛

摘除残花的步骤

仙客来在冬季的摆放有 3 个要求：①不能低于 10℃；②不能高于 20℃；③必须通风，所以最适宜的方法是晚上摆放在没有加温的室内窗户边，白天拿到阳台上透气，如果遇到寒潮，再拿回室内保护。如果一直放在室内，则需要室内没有暖气，而且可以保证经常开窗通风，否则会发生灰霉病。

1 开残 →

开残的仙客来，而且因为不通风，有些叶子发霉

2 摘除 →

用手捏住开败的花头，轻轻扭转，花茎就会自动脱落

3 ↑ 摘除

如果不摘除可能会发生灰霉病，检查哪里有霉变的叶子，如果有就剪下来

4 摘除 ↑

摘除已经发霉的叶子

一串红

Salvia splendens

别名：爆仗红、串红
科属：唇形科鼠尾草属
原产地：巴西
习性：多年生草本，常作为一
年生栽培
生长特性：喜暖、好阳，适于
生长在肥沃的土壤，不耐寒，
经霜冻就枯萎。

速查小卡片

所需日照：⛅⛅⛅
所需水分：💧💧
耐寒性：❄
耐热性：☼☼
栽培难度：★
用途：观赏

一 串 红

一串红亚灌木状草本，高可达 90 厘米，常用红花品种，其花色的鲜艳为其他草花所不及，秋高气爽之际，花朵繁密，一串串犹如红色鞭炮，很受人们喜爱。除了大红，花色还有白、粉、玫瑰红、深红、淡紫等。

生长特性

一串红对温度反应比较敏感。温度超过 30℃，植株生长发育受阻，花、叶变小。因此，夏季高温期，需降温或适当遮阴，来控制一串红的正常生长。长期在 5℃低温下，易受冻害。

浇水要点

一串红极耐干旱，但土壤干燥则表现萎蔫状，影响观赏价值，因此要浇足水，夏日每天浇水 2 次。

种植用土

一串红要求疏松、肥沃和排水良好的沙壤土。

环境地点

一串红是喜光性花卉，栽培场所必须阳光充足。

肥料管理

花前控水、控肥则延迟开花，花后摘除残花枝，适当增施肥水，既可改善观赏效果，又可延长花期。

病虫害

一串红的病虫害一般为刺蛾、介壳虫、蚜虫、红蜘蛛、花叶病等，除了在发病时进行药剂喷洒外，保持光照合适、通风良好的环境很重要。

日常管理

一串红是喜光性花卉，栽培场所必须阳光充足，对一串红的生长发育十分有利。若光照不足，植株易徒长，茎叶细长，叶色淡绿，如长时间光线差，叶片变黄脱落。如开花植株摆放在光线较差的场所，往往花朵不鲜艳、容易脱落。

繁殖方法

以播种繁殖为主，也可用于扦插繁殖。

购买方法

一串红一般秋季开花，9~10 月花市常见的盆栽花卉，购买时选择植株健壮，叶色浓绿，花朵初开，无病虫害的为好。

特丽莎

Plectranthus ecklonii Benth.
cv. Mona Lavender

别名：梦幻紫、紫凤凰、梦娜薰
衣草、莫奈薰衣草
科属：唇形科香茶菜属
原产地：南非
习性：多年生草本
生长特性：喜阳，也耐半阴，耐
热性强，不耐寒
入手方法：购苗、扦插

速查小卡片

所需日照：⛅⛅
所需水分：💧💧
耐寒性：❄
耐热性：☀☀☀
栽培难度：★
用途：观赏

特丽莎

"来自南非，花枝妖娆，花色神秘而浪漫，细看那紫色的唇，性感而梦幻，的确是南非黑美人所独有"。这段描述能让你想到什么?没错，这就是香茶菜特丽莎。它是一种生长迅速，灌木状的多年生草本植物。它的花形很像薰衣草，但没有薰衣草的香味，只是叶子有特别的香味，香气有驱蚊的功效。它们易于繁殖，是极佳的盆栽、园林花卉。

生长特性

特丽莎是一种非常容易养护的植物，喜阳，也耐半阴，可以忍受高温的烈日暴晒，但在半日照情况下表现最好。喜水分充足且排水良好的环境。耐寒性差，生长适温 20~25℃，15℃以下停止生长，10℃以下叶片枯黄脱落。

浇水要点

不耐旱，表土略干或叶片有疲态就要浇水。在生长旺盛期（长江以南地区在3~12月），全日照的情况下，每天要浇水2次，在半日照的情况下，夏天每天1次水也是必要的。

种植用土

pH 值 5.5~6.0 的疏松、肥沃且排水良好的沙壤土，对用甲基溴化物处理的土壤和碱性土壤反应非常敏感。

环境地点

阳光充足、排水良好的阳台、庭院。

肥料管理

生长期每周施1次液体肥。

病虫害

因为它们的枝条和叶片有特殊的香味，所以很少有病虫害的发生。

日常管理

特丽莎要常摘心，特别是在第一轮顶端花枝开完后要及时剪掉，以促使植物发出更多的侧芽，5月后到冬天来临前，每一个侧芽都会开花。为了防止徒长，要少浇水、勤松土，并施追肥。

繁殖方法

扦插。

购买方法

按自己喜好的株型来挑选饱满健壮的植株，特别要翻开叶背看看是否有病虫害。

石竹

Dianthus chinensis L.

别名：绣竹
科属：石竹科石竹属
原产地：中国
习性：多年生草本
生长特性：喜凉爽、耐寒、耐干旱
入手方法：购苗、播种

速查小卡片

所需日照：⛅⛅
所需水分：💧💧
耐寒性：❄❄❄
耐热性：☀
栽培难度：★★
用途：观赏

石　竹

石竹为多年生草本，但常作一二年生栽培。高 30~50 厘米，茎由根颈生出，疏丛生，叶片线状披针形，花单生枝端或数花集成聚伞花序，花色有红、紫、白色及复色，喉部有斑纹，花瓣边缘有齿裂，就像我们小时候用卷笔刀卷出的铅笔木屑，非常有趣。

生长特性

生长适宜温度 15~20℃。生长期要求光照充足，摆放在阳光充足的地方，夏季以散射光为宜，避免烈日暴晒。温度高时要遮阴、降温。

浇水要点

浇水应遵循见干见湿的原则。盛夏季节由于气温较高，白天水分蒸发快，早晚浇水最好。

种植用土

适宜栽培于排水良好的肥沃、疏松土壤。

环境地点

采光良好的阳台或者庭院。

肥料管理

石竹虽然耐贫瘠土壤，但它是喜肥的植物，还是要提供足足的肥料，它才能花叶繁茂。

病虫害

常有锈病和红蜘蛛危害。注意种植环境的通风及充足光照，因石竹的叶片细小而密集，早期往往不易察觉，需要经常观察，防微杜渐。

日常管理

石竹是宿根性不强的多年生草本花卉，多作为一二年生植物栽培。种植时施足基肥，苗长至 15 厘米高摘除顶芽，促其分枝，以后注意适当摘除腋芽，使养分集中，可促使花大而色艳，不然分枝多，会使养分分散而开花小，花后及时摘去残花。夏季雨水过多时，注意排水。

繁殖方法

分株、播种、扦插。

购买方法

春季在花市非常多见，价格也不贵，挑选自己中意的花色，仔细察看有无病虫害，然后尽量选择花苞多、株型丰满的植株，可以盆栽也可以布置在庭院的花坛或路边。

美女樱

Verbena hybrida Voss

别名：铺地锦
科属：马鞭草科马鞭草属
原产地：南美
习性：多年生草本
生长特性：喜光、喜温暖、
湿润环境，较耐寒

速查小卡片

所需日照：⛅⛅⛅
所需水分：💧💧
耐寒性：❄❄
耐热性：☀☀☀
栽培难度：★★
用途：观赏

美 女 樱

美女樱为马鞭草科多年生草本，常作为一二年生草本栽培。美女樱品种繁多，株高约10~30厘米，叶对生，长卵形，粗锯齿缘。花顶生，花色极丰富，色彩柔美妍丽，惹人喜爱。

生长特性

美女樱喜温暖、湿润、充足光照，若日照不足，容易徒长，开花疏散，不够繁茂，有一定耐寒性，可耐高温。生长适温10~25℃，花期5~9月。

浇水要点

美女樱虽比较耐旱，但保持土质的湿润可使植物长得更茂盛。梅雨期注意排水，根部长期滞水易腐烂。

种植用土

适宜栽培于排水良好的肥沃、疏松土壤。

环境地点

采光良好的阳台或者庭院。

肥料管理

定植时预施基肥，生长期可喷施通用液肥，开花前补充磷肥，开花期间每隔20天左右补肥1次。

病虫害

红蜘蛛为美女樱的主要病害，危害叶片，严重时使叶片变黄、落叶，影响开花甚至死亡。因美女樱易爆发红蜘蛛，故预防非常重要，平时注意将底部枯叶摘去，保持植株的通风，天气干燥时，往植株周边喷雾增加湿度。

日常管理

美女樱长势旺，平时注意打顶修剪，控制植株长势，促发新枝，延长花期。修剪后追肥。母株第2年茎半木质化，长势变弱，应重新扦插更新。

繁殖方法

分株、播种、扦插。

购买方法

花市在春秋季节上市，有垂吊或直立品种，垂吊品种生长旺盛，适合窗台、吊盆栽植，直立品种适合盆栽可花坛种植，可根据自己的需求选购。挑选时要挑茎节紧实分枝多的，特别翻看叶片背面是否有红蜘蛛。

1 购买 ↑

买来的美女樱花苗

2 选盆 ↑

选择一个适合的花盆，一般
敞口盆较好。加入底石和部
分营养土

3 松动 ↑

松动花苗和花盆

4 取苗 ↑

拿出花苗，本次根系没有缠
绕，轻轻打松底部土即可

5 花苗 ↑

放入花苗

6 营养土 ↓

加入营养土

7 缓释肥 ↑

加入缓释肥

8 浇水 →

充分浇水，完成

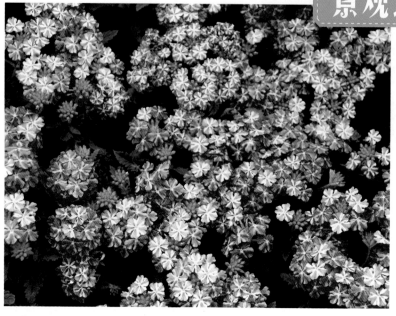

扶郎花

Gerbera jamesonii Bolus

别名：扶郎花，非洲菊
科属：菊科大丁草属
原产地：南非
习性：多年生草本植物
生长特性：喜冬暖夏凉、空气流通、阳光充足的环境，不耐寒，忌炎热

速查小卡片

所需日照：⛅⛅⛅
所需水分：💧💧
耐寒性：❄
耐热性：☀☀
栽培难度：★★
用途：观赏

扶郎花

扶郎花是一种充满诗意的花卉,有些地区喜欢在结婚庆典时用扶郎花扎成花束布置新房,取其谐意,体现新婚夫妇互敬互爱之意。扶郎花花形放射状,常作为插花主体,多与肾蕨、文竹相配置。

生长特性

扶郎花喜冬暖夏凉气候,不耐寒,忌炎热,喜阳光充足的环境,冬季需全光照,但夏季应注意适当遮阴,并加强通风,以降低温度,防止高温引起休眠。

浇水要点

扶郎花生长旺盛期应保持充足的水分供应,但忌水涝。盆栽扶郎花对水分非常敏感,因此必须保证浇水的正确时间,在早晨或傍晚浇水,入夜时要使植株相对干燥。植株开始长根时必须从下部浇水,可以采用底部渗透的方式;高温期间可以从植株上方浇水,但要注意防止从植株中心部位开始产生的真菌霉变。

种植用土

扶郎花要求疏松肥沃、排水良好、富含腐殖、土层深厚、微酸性的沙质壤土,忌黏重土壤,盆栽最好是泥炭和珍珠岩混合的基质。

环境地点

扶郎花适应温和气候,喜冬季温暖、夏季凉爽、空气流通、阳光充足的环境。生长期适温为 20~25℃,冬季适温为 12~15℃,低于 10℃停止生长,可忍受短期的 0℃低温。

肥料管理

扶郎花为喜肥宿根花卉,对肥料需求大。追肥时应特别注意补充钾肥。春秋季每 5~6 天 1 次,冬夏季每 10 天 1 次。若高温或偏低温引起植株半休眠状态,则停止施肥。

病虫害

扶郎花的主要病害有叶斑病、白粉病、病毒病。虫害主要有跗线螨、棉铃虫、烟青虫、甜菜叶蛾、蚜虫等。可喷药进行防治,8~9 天 1 次,喷药对花色有不利影响,花期不宜采用。

繁殖方法

扶郎花多采用组织培养快繁;采用分株法繁殖,每个母株可分 5~6 小株;播种繁殖用于矮生盆栽型。

日常管理

盆栽扶郎花宜用深盆，栽时将根颈部稍露出土面，苗期应保持盆土湿润，生长盛期应保持供水充足，花期浇水时，不要使叶丛中心沾水，防止花芽腐烂。我国华南地区外均不能露地越冬，扶郎花基生叶丛下部叶片易枯黄衰老，应及时清除，既有利于新叶与新花芽的萌生，又有利于通风，增强植株长势

购买方法

购买时挑选叶色翠绿健康，无病虫危害的植株。扶郎花花色丰富，宜在花期购买，这样更能挑选到自己喜欢的花色

用途

扶郎花花朵硕大，花枝挺拔，花色艳丽，水插时间长，切花率高，瓶插时间可达 15~20 天，为世界著名十大切花之一

粉红色品种

黄色品种

白色品种

橘色品种

迷迭香

Rosmarinus officinalis

别名：海洋之露
科属：唇形科迷迭香属
原产地：欧洲
习性：常绿灌木
生长特性：喜温暖气候

速查小卡片

所需日照：⛅⛅
所需水分：💧💧💧
耐寒性：❄
耐热性：☼ ☼
栽培难度：★★
用途：观赏

迷迭香

迷迭香原产于地中海沿岸，属于常绿的灌木，夏天会开出蓝、白等色的小花，看起来好像小水滴般，所以 rosmarinus 在拉丁文中的意思是"海中之露"的意思。迷迭香叶带有茶香，味辛辣、微苦，常被使用在烹饪和烘烤上。

生长特性

喜日照充足、温暖干燥的环境，生长适温 10~25℃，较耐旱，夏季略遮阴，并放置通风处。

浇水要点

由于迷迭香叶片本身就属于革质，较能耐旱，根据气温观察盆土，遵循不干不浇，干透浇透的原则。但经常缺水会使叶尖发黄甚至脱落。

种植用土

选用疏松、肥沃、排水良好及透气性强的介质。

环境地点

采光良好的阳台或者庭院。

肥料管理

定植时加入底肥，生长期定期给薄肥。

病虫害

通风不良容易成为害虫的栖地以及容易得病，保持通风、凉爽及定期的整枝修剪很重要。日光要能充足，及时剪去过多和老化的枯枝叶。

日常管理

迷迭香枝条的每个叶腋都有小芽，随着枝条的伸长，这些腋芽也会发育成枝条，如有及时修剪，枝条横生不但显得杂乱，同时通风不良也容易成为害虫的栖地并且容易得病。但迷迭香老枝木质化的速度很快，一下子强剪常常导致植株无法再发芽，比较安全的方法是每次修剪时不要剪超过枝条长度的 1/2。

繁殖方法

播种、扦插。

购买方法

在花市选购盆栽时，挑选低矮分枝多的，同时看看植株的底部枝叶，是否有枯黄枝叶，要选择新鲜有活力的。

PART 4

传统秋花

秋季的花卉里有一组特别有韵味的就是传统秋花，这些花卉或在诗词歌赋里被传唱，或是在国画纹样里时常可见，已经成为传统文化里象征秋天的符号。例如木芙蓉、桂花、红蓼等等，让人看到就会产生秋意盎然的联想

紫珠

Callicarpa bodinieri Levl.

别名：白棠子树

科属：马鞭草科紫珠属

原产地：我国黄河以南的部分
省（区），日本、越南也有分布

习性：灌木

生长特性：喜温、喜湿、怕风、
怕旱

速查小卡片

所需日照：⛅⛅

所需水分：💧💧

耐寒性：❄

耐热性：☀☀

栽培难度：★

用途：观赏，入药

紫　珠

灌木，高约2米，花多数，花蕾紫色或粉红色，花朵有白、粉红、淡紫等色，6~7月开放。果实球形，9~10月成熟后呈紫色，有光泽，色彩鲜艳，珠圆玉润，犹如一颗颗紫色的珍珠，经冬不落，是一种既可观花又能赏果的优良花卉品种。

生长特性

生于海拔200~2300米的林中、林缘及灌丛中，在阴凉的环境生长较好。

浇水要点

天气干旱时注意浇水，避免土壤长期干旱。

种植用土

土壤以普通壤土为好。

环境地点

适宜气候条件为年平均温度15~25℃，年降水量1000~1800毫米，阴凉的环境生长较好，北方地区可选择背风向阳处栽种。

肥料管理

紫珠喜肥，栽培中应注意水肥管理，除春季定植时要施足腐熟的堆肥作为基肥外，每年落叶后还要在根际周围开浅沟埋入腐熟的堆肥，并浇透水。

病虫害

几乎没有病虫害，主要有锈病危害，可用15%三唑酮可湿性粉剂500倍液喷洒。虫害有夜蛾、竹蝗危害，可用40%敌百虫原药1500倍液喷杀。

日常管理

平时管理较为粗放，落果后剪去当年的枝，粗壮的留1~2节，每年可以结果。冬季寒冷时有些枝梢会冻死，可等春季发芽前将其剪除，并不影响来年的开花结果。每年春季萌动前进行1次修剪，剪除枯枝以及残留的果穗，将过密的枝条疏剪。

繁殖方法

播种及扦插均可。

购买方法

购买健壮且株型优美的植株。

红蓼

Polygonum orientale L.

别名：荭草
科属：蓼科蓼属
原产地：中国、澳大利亚
习性：多年生宿根草本
生长特性：喜温暖、湿润的
环境、光照充足

速查小卡片

所需日照：
所需水分：💧◌◌
耐寒性：❄
耐热性：☼ ☼
栽培难度：★
用途：观赏、果实药用

红 蓼

小时候在夏天的乡间地头、菜园旁边经常可以看到这样一种植物，植株高大，叶色翠绿，密集的红色花序柔软下垂如穗状，迎风摇摆，特别美丽醒目，这就是红蓼。红蓼茎直立，具节，中空。叶两面均有粗毛及腺点。总状花序顶生或腋生，穗状下垂，初秋开淡红色或玫瑰红色小花。

生长特性

喜温暖湿润的环境，喜光照充足；宜植于肥沃、湿润之地，也耐瘠薄，适应性强。

浇水要点

喜湿润之地，生长期间要保证足够的水分供应。

种植用土

适应性强，耐瘠薄。

环境地点

在家庭可以用大花盆栽，放在温暖湿润光照充足的环境。

肥料管理

对水肥要求不高，不用特别施肥，植时给予足够的底肥会生长得更好。

病虫害

红蓼生性强健，一般不宜遭受病虫危害。

日常管理

红蓼原为野生，因其生长迅速、高大茂盛，叶绿、且花密红艳，适于观赏，故培养成为栽培植物；对土壤要求不严，又喜水且还耐干旱，适应性很强；没有病虫害，粗放管理即可。

繁殖方法

播种或用根状茎繁殖。

购买方法

红蓼较少见到市场有售，最近出现了园艺种'红龙'和矮生种头花蓼，可以通过网购买苗。

木芙蓉

Hibiscus mutabilis Linn.

别名：芙蓉花，拒霜花，木
莲，地芙蓉，华木
科属：锦葵科木槿属
原产地：中国
习性：落叶灌木或小乔木
生长特性：喜温暖、湿润气
候，不耐寒

速查小卡片

所需日照：⛅⛅⛅
所需水分：💧💧💧
耐寒性：❄❄
耐热性：☼☼☼
栽培难度：★
用途：观赏

木芙蓉

　　木芙蓉晚秋开花，因而有诗说其是"千林扫作一番黄，只有芙蓉独自芳"。木芙蓉的花早晨开放时为白色或浅红色，中午至下午开放时为深红色。人们把木芙蓉的这种颜色变化叫"三醉芙蓉"、"弄色芙蓉"。木芙蓉花期长，开花旺盛，品种多，其花色、花形随品种不同有丰富变化，是一种很好的观花树种。

生长特性

　　木芙蓉喜光，稍耐阴；喜温暖湿润气候，不耐寒，采用盆栽的木芙蓉宜选用较大的瓷盆或素烧盆，盆土要求疏松肥沃、排水透气性好，生长季节要有足够的水分。冬季移至背风向阳处即可保证其充分休眠。

浇水要点

　　木芙蓉在春季萌芽期需满足其水分需求，特别是在北方旱季，需经常灌水。随着气温的降低，入秋后适量减少水分，一般在花蕾透色时应适当控水，以控制其叶片生长，使养分集中在花朵上。

种植用土

　　木芙蓉喜肥沃湿润而排水良好的沙壤土。

环境地点

　　木芙蓉性畏寒，喜阳光，寒冷地区应选被风向阳处栽植。

肥料管理

　　采用打孔施肥，即在树冠附近均匀打孔施入。花前肥在开始开花之际施入尿素加适当磷肥，撒在树冠根部，然后浇水，可使花色更加艳丽。

病虫害

　　木芙蓉的病虫害一般为蚜虫、红蜘蛛，白粉病等，除了在发病时进行药剂喷洒，在秋末清除病株并烧毁，冬季刮除树皮下的越冬幼虫可起到防治作用。

购买方法

　　在秋季南方花市会有盆栽苗出售，选择形态优美，没有病虫的植株。也可以网购小苗自己培育。

其他

　　木芙蓉的枝、干、芽、叶有其自然生长规律，形成了四季中的不同形态，春季梢头嫩绿、夏季绿叶成荫、秋季花团锦簇、冬季枝干扶疏，一年四季，各有风姿和妙趣。

秋牡丹

Anemones Japonica

别名：白头翁、野棉花
科属：毛茛科银莲花属
原产地：中国
习性：多年生草本
生长特性：喜温暖、湿润、阳光充足环境，耐寒，怕高温

速查小卡片

所需日照：
所需水分：
耐寒性：
耐热性：
栽培难度：★★
用途：观赏，入药

秋 牡 丹

　　虽然名为牡丹，其实和银莲花、铁线莲同为毛茛科植物。原生种在南方地区十分常见，园艺种近几年才进入国内。秋牡丹花大美丽，特别是它的花期较晚，在秋季更显得珍贵，十分值得关注。可用于花境布置和盆栽观赏。

浇水要点

　　生长期需保持土壤湿润，但又不可过度，在苗期注意见干见湿，植株长成后就会相对耐旱。

种植用土

　　喜肥沃的沙壤土，花盆栽培可以用类似铁线莲的轻质土壤。

环境地点

　　秋牡丹多数种类喜凉爽气候，耐寒力强，忌夏季炎热。所以最好种植在夏季有遮阴的地方。

肥料管理

　　生长期每月施液体肥1次。

病虫害

　　偶尔有霜霉病危害，虫害在春季有蚜虫危害，可用药剂防除。

日常管理

　　秋牡丹春季移栽，生长期每月施肥1次，并保持土壤湿润。一次栽植，可连年开花不断，3~5年后再分株繁殖更新。

繁殖方法

　　常用分株和根插繁殖，植株成熟后在母株周围会冒出很多小植株，春季挖出分栽即可。

购买方法

　　比较小众的花卉，一般花市不太容易找到。可以通过网购买到花苗。

大吴风草

Farfugium japonicum

别名：活血莲
科属：菊科大吴风草属
原产地：中国
习性：多年生草本
生长特性：喜半阴、凉爽气候
入手方法：购苗

速查小卡片

所需日照：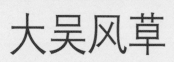
所需水分：◌◌◌
耐寒性：✳
耐热性：☼ ☼
栽培难度：★
用途：观赏

大吴风草

　　大吴风草为菊科多年生草本。园艺品种皱叶斑点大吴风草，高度30~45厘米，叶具褶皱，叶面散布金黄色点状斑纹，夏末初秋开黄色花，极具观赏性。

生长特性

　　可在庭院露地栽培，但不要暴露在直射的阳光下，种在乔木和大灌木下面作为地被，以树阴来遮挡过于强烈的日光。栽后管理可较粗放，冬季地上部枯死，翌春会自行发芽展叶。

浇水要点

　　生长季节保持盆土湿润，但勿积水。盛夏适当喷水增加湿度，秋末控制浇水。

种植用土

　　用园土、腐叶土作为营养土来栽植即可。

环境地点

　　庭院种植。常与麦冬、三七植于路边林下假山、假石边，刚毅柔美相得益彰。因其成熟期体量较大，不建议盆栽。

肥料管理

　　种植时洒入基肥，后期无需过于关注，每月施1次液肥即可。

病虫害

　　大吴风草适应力强，抗性较好，几乎没有病虫害。

日常管理

　　只要种下就不怎么需要照料的植物，生长季节保持盆土湿润，但勿积水，每月施1次液肥，盛夏适当遮阴。

繁殖方法

　　分株。

购买方法

　　花市购买盆栽或网上购买种苗。挑选叶片油亮健康，植株生长旺盛、分枝性好的花苗，这样的花苗根系健壮，定植后能快速适应环境，生长良好。

龙胆

Gentiana scabra

别名：地胆头、龙胆草、观音草
科属：龙胆科龙胆属
原产地：亚洲东部
习性：多年生草本
生长特性：耐寒，喜光，耐半阴。
入手方法：播种、扦插、购苗

速查小卡片

所需日照：⛅⛅
所需水分：💧💧
耐寒性：❄❄❄
耐热性：☼
栽培难度：★★
用途：观赏、药用

龙　胆

　　龙胆是多年生草本，它们的生长远离喧嚣市镇。每年的八九月间，在山坡草甸、河滩灌丛、石岩悬崖上，可以寻觅到它们的身影，那一丛丛平卧或直立、粗壮、略肉质的根茎，广漏斗形的花瓣，那独有的或深或浅的青色或蓝色，都仿佛是放荡不羁的精灵在召唤。

生长特性

　　龙胆性喜凉爽，盛夏温度高于 36℃易被日光灼伤。

浇水要点

　　水分要求适中，在整个生育期干湿平衡，利于生长发育。

种植用土

　　肥沃及排水良好的沙质土壤。家庭可以使用添加透气材料的营养土。

环境地点

　　花园中不易干燥、阳光强烈的坡地、水景及灌丛边。

肥料管理

　　4~5 月追施氢肥，促进茎叶生长；7~8月增施磷钾肥，促进植株生长。

病虫害

　　主要病害褐斑病、斑枯病，同时有白绢病的发生，应在高温季节来临前防治。

日常管理

　　龙胆幼苗生长缓慢，生长年限长。苗期应及时除草，春季干旱时应灌水，雨季注意排水，花期追肥，夏季高温季节注意遮阴降温。植株枯萎后清除残茎。

繁殖方法

　　播种、分根、扦插。

购买方法

　　龙胆目前的园艺种还不是很多，而且龙胆花对播种和育苗的环境要求比较高，目前花市上鲜有出售，建议选择信誉较好的网店购买。有很多高山种龙胆都不适合平地栽培，最好不要着急购买进口苗，更不要从山上挖掘。

茶梅

Camellia sasanqua Thunb.

科属：山茶科山茶属
原产地：亚洲
习性：常绿灌木
生长特性：喜阴凉、湿润
入手方法：购苗

速查小卡片

所需日照：☁☁
所需水分：💧◌◌
耐寒性：❄❄
耐热性：☼☼
栽培难度：★★
用途：观赏

茶　梅

茶梅为常绿灌木，叶互生，椭圆形至长圆卵形，革质，花色多样，花期 10 月至次年 4 月，色彩瑰丽，淡雅兼具。树形优美，枝条大多横向扩展，姿态丰满，着花量多，因此既适合作为绿篱栽植也很适合盆栽欣赏。

生长特性

茶梅喜光，喜暖喜通风，宜置于通风良好的日照充足处。茶梅适合的生长温度为 18~25℃。盛夏时，中午要避强光暴晒，而早上或傍晚宜多见阳光，以利于花芽分化和花蕾的发育。

浇水要点

夏季每日早晚各浇 1 次，冬季可数日浇 1 次，具体视土壤的干燥情况，浇水则必须浇透。除冬季外，还应隔几天向叶面喷 1 次水，以保持叶面清洁。

种植用土

适宜栽培于排水良好的肥沃、疏松土壤。

环境地点

采光良好的阳台或者庭院。

肥料管理

为保证花开正常，重点应加强生长期的肥水管理，可分春、夏两个阶段施肥。花后至抽梢前，及时追施薄肥 1~2 次，6~9 月定期追肥，9 月下旬后停止施肥，否则冬季易僵蕾僵花。

病虫害

茶梅的病虫害较少，主要病害有灰斑病、煤烟病、炭疽病等，主要虫害有介壳虫、红蜘蛛，要早防早治。

日常管理

茶梅是很容易种活的植物，日常管理比较粗放，只要土壤适宜，施肥清淡，浇水得法，遮阴适当，秋冬就会有美美的花看。

繁殖方法

扦插、播种。

购买方法

可以在花市选购也可以在通过网络购买，网络上能选择的品种更多些，但最好是朋友推荐的值得依赖的商家。花市购买则可以买到比较大的植株，挑选时主要观察株型是否匀称、枝条是否健壮，是否有病虫害。

盆栽桂花

Osmanthus fragrans Lour.

别名：木樨
科属：木犀科木犀属
原产地：中国西南部
习性：常绿灌木或乔木
生长特性：适应于亚热带气候
广大地区。性喜温暖，湿润。

速查小卡片

所需日照：
所需水分：
耐寒性：
耐热性：
栽培难度：★
用途：观赏、食用、入药

盆栽桂花

莫羡三春桃与李，桂花成实向秋荣。桂花，中国十大名花之一，秋季开花，花虽小但是花量繁多；色虽不艳，但芳香扑鼻。桂花不与繁花斗艳，可是桂花芳香四溢，很是迷人，桂花叶茂而常绿，开金黄色碎花，芳香，是中国特产的观赏花木和芳香树。栽培品种有花橙黄色的称"丹桂"，花淡黄白色的称"银桂"。

浇水要点

桂花的浇水主要在新种植后的一个月内和每年的夏季。新种植的桂花一定要浇透水，有条件的应对植株的树冠喷水，以保持一定的空气湿度。桂花不耐涝，雨季要注意及时排涝，盆栽桂花注意盆土的透气和排水，切不能让盆内长时间积水。

种植用土

桂花对土壤的要求不太严，除碱性土和低洼地或过于黏重、排水不畅的土壤外，一般均可生长，但以土层深厚、疏松肥沃、排水良好的微酸性沙壤土更加适宜。盆栽桂花可在盆土内加入一定量的沙子或者颗粒植料，以增加盆土透气性，促进根系生长。

环境地点

桂花喜温暖环境，它喜阳光，但有一定的耐阴能力。家庭盆栽桂花宜放置于室外阳光充足的地方，北方冬季应入低温温室以防受冻。

肥料管理

一般春季施1次氮肥，夏季施1次磷、钾肥，使花繁叶茂，入冬前施1次越冬有机肥，以腐熟的饼肥、厩肥为主。

病虫害

家庭养殖桂花的主要虫害是红蜘蛛。一旦发现发病，应立即处置，可用螨虫清、蚜螨杀、三唑锡进行叶面喷雾。要将叶片的正反面都均匀的喷到。每周1次，连续2~3次，即可治愈。

日常管理

桂花管理比较粗放，在黄河流域以南地区可露地栽培越冬。盆栽桂花冬季应置于阳光充足处，使其充分接受直射阳光。在北方冬季应入低温温室，在室内注意通风透光，少浇水，4月出房后，可适当增加水量，生长旺季可浇适量的淡肥水，花开季节肥水可略浓些。

繁殖方法

压条、嫁接和扦插法繁殖。

购买方法

购买时选择树型圆整，叶色油亮者为佳。

秋海棠

Begonia grandis

科属：秋海棠科秋海棠属
原产地：中国
习性：多年生草本
生长特性：喜温暖、湿润
的半阴环境，不耐寒
入手方法：购买、分株、播
种、扦插

速查小卡片

所需日照：⛅☀
所需水分：💧💧
耐寒性：❄
耐热性：☀☀
栽培难度：★★
用途：观赏，入药

09

秋海棠

秋海棠是著名的观赏花卉，有 400 种以上，而园艺品种更多，如四季秋海棠、竹节秋海棠、毛叶秋海棠、蟆叶秋海棠、球根海棠、丽格海棠等，花有红色、粉红及白色，花期 4~11 月。不但花好看，其叶也色彩丰富，有淡绿、深绿、淡棕、深褐、紫红等。其中尤其以四季秋海棠为多见。

生长特性

秋海棠喜温暖、湿润的环境，气温低于零度会冻伤。北方家庭在暖气房要保持较高的空气湿度，又不能让盆土经常过湿，可经常向叶面及花盆周围喷洒水雾。

浇水要点

浇水工作的要求是"两多两少"，即春、秋两季是生长开花期。水分要适当多一些；盆土稍微湿润一些；在夏季和冬季是四季秋海棠的半休眠或休眠期，水分可以少些，盆土稍干些，特别是冬季更要少浇水，盆土要始终保持稍干状态。

种植用土

秋海棠种植在土壤上要求富含腐殖质、疏松、排水良好的微酸性沙壤土。

环境地点

秋海棠性喜温暖湿润和半阴环境，既怕干燥，又怕积水；既忌高温，又不耐寒。秋海棠的花盆，平时可放在阳台或庭院的半阴处养护，并注意遮阴，不可让强光直射。

肥料管理

春秋生长期需掌握薄肥勤施的原则，在幼苗发棵期多施氮肥，促长枝叶；在现蕾开花期阶段多施磷肥，促使多孕育花蕾，花多又鲜艳，如果缺肥，植株会枯萎，甚至死亡。

病虫害

秋海棠常见病害为灰霉病，在不透气的环境下特别容易罹患。一般加强通风即可，严重时可喷药防治。

日常管理

秋海棠既要保持较高的空气湿度，但又不能让盆土经常过湿，特别是盛夏高温酷暑时节，植株处于休眠状态，要控制浇水，并注意遮阴，不可让强光直射；冬季移入室内须放置在有充足阳光处越冬，最低温度不得低于 10℃。

繁殖方法

播种、扦插、分块茎、分根茎等方法。

特性

喜温暖、湿润的环境，怕强光直射，喜半阴环境，在温度高的季节里适宜散射光照，冬季要求光照充足，球根秋海棠在短日照条件下开花会受到抑制，长日照条件下能促进开花

购买方法

购买时挑选叶色健康，株型完整，无病虫危害的植株

用途

秋海棠花期长，花色多，变化丰富，是一种花叶俱美的花卉。既适应于庭园、花坛，又是室内家庭书桌、茶几、案头和商店橱窗等装饰的佳品

红色品种　　　　　　　　　　　　　　　　粉色品种

秋海棠的花叶俱美，是难得的既能
赏花又能观叶的植物，颜色清雅的
木器花容器是它的好搭档

秋海棠花枝繁茂，有很多下垂
开放的品种，适合种在吊篮里
观赏。如果买来的植物状态不
错，也可以暂时放在套盆里观
赏一阵，等花谢后再移栽

紫叶品种的秋海棠更加美丽，不开
花的时候也可以欣赏

PART 5

 懒人花草

在生活节奏加快的今天，越来越多的人喜爱
那些不需要特别照顾就能生机勃勃的植物，懒
人植物的种类非常多，在秋季颜色变得格外
美丽的多肉植物、秋花的球根和酢浆草都是
最适合懒人一族的

八宝景天

Hylotelephium erythrostictum

别名：华丽景天
科属：景天科景天属
原产地：中国
习性：多年生草本
生长特性：喜光、耐寒
入手方法：购苗、扦插

速查小卡片

所需日照：⛅⛅⛅
所需水分：💧💧
耐寒性：❄❄❄
耐热性：☼☼
栽培难度：★
用途：观赏

八宝景天

为景天科多年生肉质草本，株高 30~50 厘米。地下茎肥厚，地上茎簇生粗壮而直立，全株略被白粉，呈淡绿色。常见栽培的有白色、紫红色、玫红色品种。花期 7~10 月。

生长特性

夜间适宜生长温度为 15℃左右，白天适宜生长温度为 25℃左右，可耐低温，八宝景天喜强光照，也稍耐阴，过低的光照度会引起茎段徒长，影响美观。

浇水要点

八宝景天耐干旱，但介质干了也需要浇水，有降雨和阴天时延缓浇水，如有积水及时排除。

种植用土

八宝景天耐瘠薄，但栽培于排水良好的肥沃、疏松土壤更好。

环境地点

采光良好的阳台、露台或者庭院，可布置于花坛、花境内及岩石边。

肥料管理

生长期每隔半个月追施 1 次液肥。

病虫害

土壤过湿时，易发根腐病，此外，蚜虫会危害茎、叶并诱发煤烟病。

日常管理

性喜强光和干燥、通风良好的环境，能耐−20℃的低温；喜排水良好的土壤，耐贫瘠和干旱，忌雨涝积水。植株强健，管理粗放。

繁殖方法

分株或扦插繁殖。

购买方法

非常价廉物美的景天属植物，购买时挑选茎节间紧凑、分枝多的的健壮植株。

火祭

Crassula capitella 'Campfire'

别名：秋火莲
科属：景天科青锁龙属
原产地：南非
习性：多年生草本
生长特性：喜凉爽干燥、耐旱怕涝，稍耐寒。
入手方法：扦插、分株

速查小卡片

所需日照：⛺⛺⛺
所需水分：💧
耐寒性：❆❆
耐热性：☼
栽培难度：★
用途：观赏

火 祭

多肉植物，植株丛生，长圆形肉质叶交互对生，排列紧密，使植株呈四棱状，叶面有毛点，在光照充足的条件下肉质叶呈浅绿色至深红色，特别是晚秋至初春，由于此时昼夜温差较大且阳光充足，叶色更为鲜艳。聚伞花序，小花黄白色。

生长特性

火祭是多肉植物，肉肉们大多数都不是很耐寒，也怕热。冬夏两季气温过高（高于35℃）或过低（低于5℃）时植株停止生长，此时应暂时减少或停止浇水，待气温适宜时再恢复浇水频率。夏季高温时注意通风，防止长时间暴晒以免晒伤。

浇水要点

干透浇透。夏季短暂休眠期建议断水，冬季低于0℃以下保持盆土干燥。

种植用土

宜用排水、透气生良好的沙质土壤栽培。

环境地点

光照充足的阳台、庭院等处，悬挂一盆多头丛生老株，会令人眼前一亮；小巧的单株可与其他多肉植物组合盆栽，放置在窗台作为点缀。

肥料管理

施肥不宜过多，每月施1次磷钾肥即可。

病虫害

不易有病虫害。

日常管理

要想让火祭颜色红红火火，需要在冬天干燥＋寒冷＋大太阳的共同作用下才行。平时多晒晒太阳，水肥量不要太大，防止徒长叶色变绿，失去观赏价值。不过，夏季要适当遮阴，以防晒伤。

繁殖方法

扦插繁殖和分株。扦插繁殖可砍头扦插或者直接叶插，宜在春秋季进行。

购买方法

晚秋到初春是购买的最佳时机。此时植株由于昼夜温差大且阳光充足呈现深红色，观赏性更强。

品种

火祭有个斑锦变异品种——"火祭之光"，也称"白斑火祭"或"火祭锦"，叶绿色，叶缘有白色斑纹，经阳光曝晒后叶呈粉红色。其叶白、绿、粉色相间，斑斓多彩，颇受人们喜爱。

酢浆草

Oxalis corniculata L.

别名：星星酢
科属：酢浆草科酢浆草属
原产地：南非
习性：多年生草本植物
生长特性：喜温暖、喜光
入手方法：购种球

速查小卡片

所需日照：☁☁☁
所需水分：💧💧
耐寒性：❄❄
耐热性：☼☼
栽培难度：★
用途：观赏

酢浆草

多年生草本植物，具球根，植株矮小，多分枝。异形叶。花粉色、黄喉，喜向阳、温暖、湿润的环境。

生长特性

不需要什么特殊照顾就能繁花似锦的植物，种植时注意不要积水，避免烂球造成植株死亡。非常强健，也容易生小球。

浇水要点

干透浇透，偶尔缺水茎叶会软垂下来，及时补水又会恢复挺拔，但不可经常如此，否则叶片会枯黄影响美观，乃至影响植株健康。

种植用土

酢浆草对土壤要求不高，地栽使用园土即可。盆栽用土原则是透气排水性好，常用泥炭+排水基质（如珍珠岩、赤玉、浮石等）来配土，要想多生小球，植株土里的泥炭比例要高一些。

环境地点

采光良好的阳台或者庭院。

肥料管理

对肥料的要求不是很高，种植时在盆土里放一些缓释肥，快速生长期每 10 天追通用液肥 1 次，开花期追氮肥 1 次，能有助于地下球茎的增大。

病虫害

虫害较少，或有蚜虫危害酢浆草嫩叶，早期发现用手捉去即可，较多的话，可使用护花神。

日常管理

发芽前可半阴，发芽后要全日照，晒得越多，株型越好，花越好看。休眠期，地栽的可随它去，秋天它会自行发芽。盆栽的可以不挖球，但要保证盆土完全干燥，也可等叶子完全枯掉 1~2 周后再挖，让酢浆草球在干燥的土里形成褐色的表皮，从土里挖出来的酢浆草球，包装好后贮藏在干燥、凉爽的环境里。包装材料不宜用密封的，应该给酢浆草球呼吸的空间，避免霉烂。

繁殖方法

分球。

购买方法

目前在花卉市场还未见到有酢浆草盆栽出售，朋友们可以多留意花卉论坛上的团购版和分享版，或者去淘宝等网站从达人们手里买到酢浆草的球根

种植

春末种植，初秋发芽，酢浆草的叶片纤细可爱，像一只只小飞机，随后开出星星点点的粉色花，到10月盛放，花团锦簇非常惹人喜爱，冬季气温降低开始休眠。南方地区地栽可露天过冬

品种

秋天开花的酢浆草还有'G4'、'铁十字'、'毛蕊酢'等，这些主要以优美的叶片为重要观赏点。还有比如粉爪子、兔耳酢、纤橙酢这些酢浆草顾名思义，都以叶片的特点来命名的，它们的花朵或可爱或艳丽，非常值得一试

常青藤

Hedera nepalensis var. sinensis (Tobl.) Rehd

别名：常春藤，爬山虎
科属：五加科常青藤属
原产地：欧洲、亚洲、北非
习性：常绿木质藤本
生长特性：耐阴，喜温暖，
稍耐寒，喜湿润而不耐涝
入手方法：扦插、购苗

速查小卡片

所需日照：⛅
所需水分：💧💧
耐寒性：❄❄
耐热性：☀☀
栽培难度：★
用途：观赏、药用

常青藤

常青藤的枝蔓细弱而柔软，茎长可达 3~5 米，多分枝，茎上有气生根，叶片革质，油绿光滑。小花白绿色，微香，花期秋季。核果球形，黑色。园艺品种很多，有银边、金边、银心、金心及各种不同形状的斑纹。

生长特性

喜温暖湿润的环境，较耐寒，最忌高温干燥环境，较耐阴，也能在充足的阳光下生长，畏强烈的阳光暴晒。最适生长温度为 25~30℃，冬季 0℃以上可安全越冬，能耐短暂的-3℃低温，在寒冷地，叶会呈现红色，最好在室内越冬。

浇水要点

生长季节浇水要见干见湿，土壤不宜过湿。7~8 月当气温升到 30℃以上时，生长停滞，宜多向叶面喷水，浇水过多容易发生烂根。保持空气湿度是夏季养护的关键，每天要向叶面和盆花周围喷水 2~3 次，也可将花盆放置在盛水的盆碟上，花盆用瓦片垫起，使之与水分离，为植株的生长创造适宜的小环境。梅雨季节置于室外的常春藤要防止积水。冬季放入温室越冬，室内要保持空气的湿度，不可过于干燥，但盆土不宜过湿。

种植用土

湿润、疏松、肥沃、排水良好的沙壤土，忌盐碱性土壤，也可单独用水苔栽培。

环境地点

明亮、通风的室露台或半阴的房间内均可。

肥料管理

5~10 月每月施 1 次复合肥，生长旺季可向叶片上喷施 0.2%的磷酸二氢钾，施有机肥时需注意勿使肥液沾染叶片，以免引起叶片枯焦。夏季和冬季一般不施肥。花叶品种要注意以磷钾肥为主，少施氮肥，以防花叶变绿叶。

病虫害

常见病害有叶斑病，可喷施代森锰锌等防治。常见虫害有蚜虫、介壳虫和红蜘蛛，室内加强通风可减少虫害，虫害多时可喷洒氧化乐果。

日常管理

春秋两季将植株移出在室外遮阳处养护一段时间，使早晚多见阳光，则生长更加茂盛。夏季避免烈日暴晒，将植株放置在室内凉爽通风处，或室外半阴处，可使叶面着色鲜明，嫩绿可爱。在植株生长过程中，应注意修剪，以促使多分枝，使株形丰满。

购买方法

挑选株型丰满、叶片油绿的植株，注意检查叶背面是否有病虫害

特性

常青藤对环境的适应性很强，喜欢比较冷凉的气候，耐寒力较强，忌高温闷热的环境，气温在30℃以上生长停滞

用途

在宽阔的客厅、书房、起居室摆放一盆常青藤，格调高雅、质朴并具有南国情调。可以净化室内空气，吸收苯、甲醛等有害气体，为人体健康带来极大的好处

千叶兰

Muehlewbeckia complexa

别名：千叶草
科属：蓼科千叶兰属
原产地：新西兰
习性：多年生常绿藤本
生长特性：生性强健、喜温暖
湿润，较耐寒
入手方法：购苗、扦插、播种

速查小卡片

所需日照：⛅⛅
所需水分：💧💧
耐寒性：❄❄
耐热性：☼☼
栽培难度：★
用途：观赏

千 叶 兰

　　植株匍匐丛生或呈悬垂状生长，细长的茎红褐色。其株型饱满，枝叶婆娑，具有较高的观赏价值，适合作为吊盆栽种或放在高处的几架、柜子顶上，茎叶自然下垂，覆盖整个花盆，犹如一个绿球，非常好看。

生长特性

　　千叶兰喜温暖湿润的环境，在18~24℃时生长最快，30℃以上停止生长，叶片易发黄。冬季0℃以下搬入室内越冬。

浇水要点

　　千叶兰生长旺季浇水要足，保持土壤和空气湿润，避免过于干燥，否则会造成叶片枯干脱落，冬季浇水要少。

种植用土

　　适宜栽培于排水良好的肥沃、疏松土壤。

环境地点

　　采光良好的阳台或者庭院。

肥料管理

　　生长期每月施1次观叶植物专用肥，冬夏两季停止追肥

病虫害

　　千叶兰不易发生病虫害，但如盆土积水且通风不良，会导致烂根，也可能会发生根腐病，应注意喷药防治。株丛密集通风不良，易受介壳虫危害，应以预防为主。

日常管理

　　千叶兰是比较强健的植物，夏季注意通风良好，并适当遮光，以防烈日暴晒。冬季可耐0℃左右的低温，但要避免雪霜直接落在植株上，并要减少浇水，若根部泡在水中，会造成烂根，使植株受损。千叶兰萌芽力强，生长快，易长满盆，每一或两年在春季换1次盆。

繁殖方法

　　春季分根（株）繁殖，或生长季扦插。

购买方法

　　可于春秋季去花市选购盆栽，选择生长健壮分枝多的植株。

石蒜

Lycoris radiata(L' Her.) Herb.

别名：彼岸花、火照之路、赤团花、茶
蘼、忘情花、接引花、冥花

科属：石蒜科石蒜属

原产地：亚洲热带地区

习性：多年生草本

生长特性：喜阳光、潮湿环境，也耐半
阴和干旱环境，稍耐寒。

入手方法：分球、播种、鳞块切割、组培

速查小卡片

所需日照：

所需水分：

耐寒性：

耐热性：

栽培难度：★

用途：观赏、药用

石 蒜

鳞茎卵球形，直径 1~3 厘米。叶狭带状，长约 15 厘米，宽约 0.5 厘米。花茎高约 30 厘米，伞形花序。花期 8~9 月，果期 10 月。

生长特性

石蒜们喜欢生长在潮湿的地方，喜阴，耐寒性强，也耐干旱。最高气温不超过 30℃，能耐受冬季日平均气温 8℃以上，最低气温 1℃。有夏季休眠习性。常野生于缓坡林缘、溪边等比较湿润及排水良好的地方，还能生长于丘陵山区山顶的石缝土层稍深厚的地方。

浇水要点

生长期要经常浇水，保持土壤湿润，但不能积水，以防鳞茎腐烂。开花前 20 天至开花期必须要供给适量水分，以达到开花整齐一致，且延长花期。

种植用土

对土壤无严格要求，最好是排水良好的偏酸性沙质土或疏松的培养土，土壤肥沃且排水良好时，花开格外繁盛。种植深度不宜太深，以鳞茎顶刚埋入土面为好。

环境地点

田间小道、河边步道等。

肥料管理

每年施肥 2~4 次，第 1 次在落叶后至开花前，可使用有机肥或复合肥。第 2 次在 10 月底 11 月初开花后生长期前。采花之后减施氮肥，增施磷、钾肥，使鳞茎健壮充实。秋后停肥停水，使其逐步休眠。

病虫害

石蒜常见病害有炭疽病。鳞茎栽植前用 0.3%硫酸铜液浸泡 30 分钟，用水洗净，晾干后种植。虫害主要是斜纹夜蛾、石蒜夜蛾、蓟马，可提早喷药防治。

日常管理

日常无需特别管理，生长期注意肥水的跟进。

繁殖方法

分球法是最常用的繁殖方法，在休眠期或开花后将植株挖起来，将母球附近附生的子球取下种植，约一两年便可开花。温暖地区多行秋植，北方寒冷地区常作为春植，切忌在长叶以后的冬季或早春移栽。

油点草

Tricyrtis macropoda Mig

别名：紫海葱、油迹草
科属：百合科油点草属
习性：多年生草本
生长特性：喜温暖湿润环境。
较耐寒，喜阳光，但不能暴晒。
入手方法：购买，播种，分株

速查小卡片

所需日照：⛅⛅
所需水分：💧
耐寒性：❄
耐热性：☀☀
栽培难度：★★
用途：观赏、入药

油点草

仿佛被打翻的油彩泼了一身,油点草周身斑斑点点,那或深或浅的油彩巧妙的晕染出斑斓的花、别致的叶,很是讨人喜欢。油点草为花叶兼具的小型球根花卉,3~5个鳞茎簇生一起,叶片色彩斑斓,一串串带紫色斑点的小白花,显得小巧玲珑,十分诱人。用于盆栽装点书桌、窗台、茶几,别具风味。室内栽培一般5~6月开花。

浇水要点

保持盆土湿润。花谢后,适当减少浇水。冬季处于休眠状态的油点草蛰伏在土里,此时不需要浇水,待到早春三月,万物开始复苏,给呼呼睡了一个冬天的油点草喝那么一点儿水,很快,绿油油肥嘟嘟的嫩芽就会冒出头来和你相见啦……

种植用土

以肥沃疏松的泥炭土为好。

环境地点

油点草耐半阴,在阴地里也能顺利成活,但是长期光照不足,其叶片上的斑点会显得暗淡不明显,花量也会明显减少。

肥料管理

盆土中应加入磷钾肥。生长期每月施肥1次。

病虫害

主要病害为根腐病,栽植前用0.3%~0.4%硫酸铜液浸泡鳞茎30分钟。生长期有蚜虫危害,可用40%氧化乐果乳油1000倍液喷杀。

日常管理

室内栽培一般5~6月开花。秋季盆栽时,盆土中应加入磷、钾肥。生长期每月施肥1次,并保持盆土湿润。花谢后,适当减少浇水。油点草喜阳光充足环境,但是夏季阳光照射不宜过多,否则叶片的紫色斑纹不明显,暴晒之下甚至会晒伤叶片,影响观赏效果。

繁殖方法

常用分株和播种繁殖。一般2~3年分株1次,播种实生苗需培育2~3年才以开花。

购买方法

秋季9~10月购买健康饱满的小鳞茎进行栽植。

其他

春季油点草萌发新叶,这时昼夜温差大,在光照良好的条件下油点草叶子上墨绿色的斑点十分明显,是一年中观叶的最佳季节。

沿阶草

Ophiopogon bodinieri

别名：麦冬
科属：百合科沿阶草属
原产地：中国
习性：多年生草本
生长特性：耐阴、耐寒、耐旱
入手方法：购苗

速查小卡片

所需日照：⛅⛅
所需水分：💧💧
耐寒性：❄❄❄
耐热性：☼☼☼
栽培难度：★
用途：观赏

沿阶草

百合科多年生草本植物，高度 5~30 厘米，根较粗，中间或近末端常膨大成椭圆形或纺锤形的小块根，茎很短，叶丛生，禾叶状。叶色常绿，花期 5~8 月，总状花序，淡紫色或白色小花，果期 8~9 月。

生长特性

生性强健，5~30℃能正常生长，最适生长气温为 15~28℃，低于 0℃或高于 35℃生长停止，生长过程中需水量大，块根膨大期，需要光照充足才能促进块根的膨大。

浇水要点

耐旱，但生长期需水量较大，立夏后气温上升，蒸发量增大，应及时浇水。

种植用土

对土壤条件没有特殊要求，宜于土质疏松、肥沃湿润、排水良好的沙壤土。

环境地点

在林下、石旁、路牙边缘种植。

肥料管理

沿阶草喜肥，定植时加入基肥，追肥过程中氮肥比例稍多，能促进叶色美观。

病虫害

很少。主要病害是黑斑病，雨季发病严重，注意通风排水。

日常管理

生性强健，非常好养活，不需要特殊管理，栽培多年后植株生长过密时及时地分株，有利于植株的生长。

繁殖方法

分株。

购买方法

大型花市和网上购买均可。花市里的品种可能比较单一，网上可选择的品种比较多。依品种不同价格相差比较悬殊，可根据自己的需要进行选购。

品种

沿阶草还有很多观赏品种，如银线沿阶草、金边阔叶沿阶草、日本矮麦冬、黑龙麦冬等等。

藏红花

Crocus sativus L.

别名：西红花
科属：鸢尾科番红花属
原产地：欧洲
习性：多年生草本
生长特性：喜温和凉爽、阳光充足
入手方法：购种球

速查小卡片

所需日照：⛅⛅
所需水分：💧💧
耐寒性：❄❄
耐热性：☀☀
栽培难度：★★
用途：观赏

藏红花

球茎扁圆球形，直径约3厘米，外有黄褐色的膜质包被。叶基生，花茎短，淡紫色有条纹，每朵花有花柱3根，橙红色，柱头略扁，花期10~11月。

生长特性

藏红花叶丛纤细刚幼，花朵娇柔优雅，具特异芳香，是点缀花坛和布置岩石园的好材料，也可盆栽或水养供室内观赏。花期为10月下旬至11月中旬。

浇水要点

发根前浇水不宜过多，介质稍湿润即可，开花期宜多浇水，不宜施肥，否则容易引起烂球。

种植用土

适宜栽培于排水良好的肥沃、疏松土壤。

环境地点

采光良好的阳台或者庭院。

肥料管理

花期不宜施肥，花后可追肥，以促进新球的生长。

病虫害

藏红花很少有病虫害。

日常管理

藏红花管理简单，在开花前可坐于土面，因新球生长于母球之上，待花后将球根埋入土中追肥，供给养分，使新球壮大，休眠后挖出球根，阴凉通风处保存。

繁殖方法

分球。

购买方法

花市基本没有售卖，可通过网络购买。

品种

有多个不同种，其中包括观赏藏红花和药用藏红花，药用藏红花原产于希腊、西班牙、伊朗等欧洲及中东地区，据说是经西藏传入我国，故得名"藏红花"。但因土壤气候环境等原因，西藏不产药用藏红花。

PART 6

 南国植物

在很多地区的花市还可以看到一些从南方运输来的植物，这些植物花色艳丽，耐热耐湿，生长迅速，在初秋的时节可以带来非常丰富的色彩，但是天气变冷后就会慢慢萧条，有些还会枯萎或是进入休眠

尤加利

Eucalyptus globules Labill

别名：桉树、胶树、发烧树
科属：桃金娘科桉属
原产地：澳洲
习性：常绿乔木
生长特性：喜温暖湿润，喜光，耐旱
入手方法：购苗

速查小卡片

所需日照：⛅⛅
所需水分：💧
耐寒性：❅
耐热性：☼
栽培难度：★★
用途：药用、观赏、美容

尤加利

尤加利是一种"霸道"的植物，尤加利树平均高度都在 30 米以上，树冠形状有尖塔形、多枝形和垂枝形等。单叶，全缘，革质，有时被有一层薄蜡质。叶子可分为幼态叶、中间叶和成熟叶 3 类，大多数的幼态叶是对生的，较小，心脏形或阔披针形。现代园艺将它做成小盆栽观赏，盆栽一般高度为 30~50 厘米。

浇水要点

干透浇透，怕闷湿。

种植用土

对土壤要求不高，对土壤的酸碱性也没有特殊要求，一般园土或营养土即可。

环境地点

通风条件好的光照充足的书房、阳台、庭院。

肥料管理

如果不想它们长得飞快，春季施些缓释肥即可，其他时候无需特别照顾。

病虫害

主要虫害为土栖白蚁，以防为主，药饵诱杀。

病害主要有焦枯病、青枯病、茎腐病、灰霉病等，但家庭种植几乎没有病害，后期养护非常方便。

日常管理

尤加利耐修剪，修剪后可以萌发侧芽，可以根据自己的喜好进行修剪。注意不要在植株长到很高后施以强剪，否则容易导致植株死亡。

繁殖方法

播种、嫁接、扦插、组培。一般圆叶的尤加利扦插成活率比较低，多用播种繁殖，种子发芽温度 20~25℃，建议秋播。

购买方法

在国内园艺市场可以买到观赏性小盆栽，大型花木市场有树苗销售。

品种

尤加利的品种很多，全世界有 600 种左右不同的尤加利。尤加利是种神奇的植物，主要作用是药用。它们的叶片直接捣烂敷在伤口上可以止血止痛。叶片还能够萃取精油，起到抗病毒、提神醒脑、调养呼吸系统和免疫系统等作用。全世界上百种品种中有 15 种能够萃取出精油，但是被大家普遍认可的还是澳洲尤加利萃取出的精油。它们的嫩枝和树皮中含有单宁，可以提炼栲胶，树皮和木材还可用来造纸浆。

五色梅

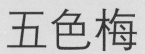

Lantana camara L.

别名：马缨丹

科属：马鞭草科马缨丹属

原产地：美洲热带

习性：蔓性常绿灌木

生长特性：喜高温，耐湿热，抗寒力较差

入手方法：购苗、扦插、播种

速查小卡片

所需日照：⛅⛅⛅

所需水分：💧💧

耐寒性：❄

耐热性：☼ ☼ ☼

栽培难度：★★

用途：观赏

13

五 色 梅

五色梅为马鞭草科蔓性常绿灌木,株高50~150厘米,头状花序,每序有花20余朵,花形似梅,有红、橙、粉、黄等多种颜色,一花数色,故名五色梅、五彩花;一般花期约在4月中、下旬到次年的2月中旬左右,如气候与温度的适宜,几乎整年都能看到开花,可说是常盛的植物。

生长特性

喜光,喜温暖湿润气候。适应性强,耐干旱瘠薄,稍耐阴,不耐寒,在南方基本是露地栽培,北方可作为盆栽摆设观赏。保持气温10℃以上,叶片不脱落。

浇水要点

五色梅较耐干旱,也耐水湿,但要植株健康成长,还请遵循"见干见湿"的浇水原则。

种植用土

对土壤的适应性很强,大部分土质都可以栽植,于排水良好的肥沃、疏松土壤中生长更好。

环境地点

采光良好的阳台或者庭院。

肥料管理

五色梅对肥力要求不高,在定植时加入底肥、生长期追肥会让它叶绿花繁,赏心悦目。

病虫害

通风不良时易发灰霉病,病菌先从花瓣的尖端侵入,发病后,病部呈水渍状,发软、褪色,失去光泽,最后花瓣变褐腐烂,花朵脱落,可注意通风,降低湿度,减轻病害的发生。叶枯线虫是五色梅最常见的虫害。叶片受侵时,叶色变淡,并有淡褐色斑点,严重时整个叶片枯死,可用专门药剂防治。

日常管理

放在室外向阳处养护,即使盛夏也不必遮光,但要求通风良好。若光照不足会造成植株徒长,茎枝又细又长,且开花稀少,严重影响观赏。五色梅生长较快,栽培中应及时剪除影响造型的枝叶,以保持树形的美观,每次花后将过长的嫩枝剪短,秋末冬初入房前对植株进行一次重剪,把当年生枝条都适当剪短。冬季移置室内向阳处,若能维持15℃以上的室温,植株可正常生长、开花,并适当浇水、施肥和修剪。若保持不了这么高的温度,节制浇水,停止施肥,使植株休眠。

繁殖方法

扦插。

特性

五色梅为热带性植物,喜高温、耐湿热、也较耐干热,抗寒力较弱,可耐轻霜及短期 0℃左右的低温,忌冰雪。华南地区可在露天安全越冬,华中、华北地区在移入暖棚过冬

购买方法

五色梅比较强健,分枝繁茂,半蔓性的枝条接触泥土很容易发生新根。如打算盆栽的话,在花市选购的时候尽量挑选小巧的株型,如果种植在庭院中,可选择稍大些的植株

用途

五色梅本身具有一股气味,在通风较差的空间里容易给人的嗅觉造成太强的刺激,带来不适感,所以更适合种植在庭院等通风环境中

三角梅

Bougainvillea glabra choisy

别名：九重葛、勒杜鹃、三角花、叶子花等
科属：紫茉莉科叶子花属
原产地：巴西
习性：灌木
生长特性：喜温暖湿润气候，不耐寒，喜充足光照。
入手方法：扦插、购苗

速查小卡片

所需日照：
所需水分：
耐寒性：
耐热性：
栽培难度：★★
用途：观赏、药用

三角梅

平凡朴实却又不失热烈的三角梅深受园艺爱好者的青睐，虽然它怕冷，但似乎丝毫不影响它的魅力。它的枝上有刺，单叶互生，卵形全缘或卵状披针形，被厚茸毛，顶端圆钝。三角梅花小，长在苞片中，苞片卵圆形，似花似叶，每三片相聚成一朵三角形的花。品种有单瓣、重瓣以及斑叶等，颜色有鲜红色、橙黄色、紫红色、乳白色等。

浇水要点

平时浇水掌握"不干不浇，浇则要透"的原则。但要开花整齐、多花，开花前必须进行控水。从9月开始进行控水，反复连续半个月时间，半个月后恢复正常浇水。控水期间切忌施肥，以免肥料烧伤根系。这样约一个月时间即可现蕾开花，而且花开放整齐、繁盛。

种植用土

怕积水、不耐涝，宜选择疏松、排水良好的营养土。由于其生长速度较快，根系发达，须根甚多，每年需换盆1次。

环境地点

阳光充足的阳台或庭院种植。

肥料管理

5月开始，每半月施1次10%~15%的饼肥液，以促进春梢生长；7~8月每隔15~20天施1次10%的饼肥液和少量过磷酸钙或少量复混肥液；9月后应少施氮肥，可用焦泥灰和少量过磷酸钙，以促进苞叶开得鲜红美观。自10月开始进入开花期，从此时起到11月中旬，每隔半个月需要施1次以磷肥为主的肥料，肥水浓度为30%~40%。

病虫害

常见的害虫主要有叶甲和蚜虫、介壳虫。常见病害主要有枯梢病、叶斑病、褐斑病。平时要加强松土除草，及时清除枯枝、病叶，注意通气以减少病源的传播。加强病情检查，发现病情及时处理，可用氧化乐果、甲基硫菌灵等溶液防治。

日常管理

平时多给它晒晒太阳，夏季温度超过35℃以上时，要给它遮阴或者经常喷水通风。想让它开花的话需要将温度维持在15℃以上，冬天要在寒流到来前及时搬入室内温暖且阳光充足的地方，这样它才乐意在元旦、春节间持续开花。另外，生长期要注意整形修剪，以促进侧枝生长，多生花枝。

繁殖方法

常在五六月选择粗枝进行扦插繁殖，且育苗容易。

购买方法

春末夏初时候就可以去花市选购啦，可以按照个人的喜好来选择花色品种

特性

三角梅喜欢晒太阳，喜欢温暖湿润的气候，不耐寒，在3℃以上才可安全越冬，15℃以上方可开花

其他

三角梅花苞片大，色彩鲜艳如花，且持续时间长，宜庭园种植或盆栽观赏。还可作盆景、绿篱及修剪造型。观赏价值很高

金边叶白色品种

淡紫色品种

绿叶樱花品种

银边叶紫色品种

三角梅在南方可以长
成巨大的植株，非常壮观

狼尾草

Pennisetum alopecuroides

别名：狗尾巴草

科属：禾本科狼尾草属

原产地：亚洲东南部

习性：多年生草本

生长特性：喜阳，耐热，夏秋盛花，不耐寒，低于0℃地区须保护过冬

入手方法：购苗，播种

速查小卡片

所需日照：⛅⛅⛅

所需水分：💧💧

耐寒性：❄

耐热性：☼ ☼ ☼

栽培难度：★

用途：观赏、药用

狼尾草

狼尾草类的观赏草因花序似狼尾而得名，它的花茎高出叶片顶端，外展下垂，呈喷泉状，所以也被称喷泉草。狼尾草有小兔子、白美人、大布尼等品种，其中紫梦狼尾草叶及花序紫红色，花果期夏秋季；茎粗壮直立，草叶宽广厚实；最抢眼的是圆柱形的大花序，长长的紫红色刚毛，四面辐射，十分美丽。

生长特性

狼尾草喜阳，耐热，夏秋盛花，不耐寒，低于0℃地区须保护过冬，特别是紫梦狼尾草，耐寒性更弱。而夏季当气温达到20℃以上时，生长速度加快。

浇水要点

对水肥要求不高，喜欢稍湿润的土壤，但是也很耐旱。

种植用土

宜选择肥沃、稍湿润的沙土栽培。

环境地点

喜欢阳光充足的环境，最好能够地栽。也可以用大型容器栽培。

肥料管理

对水肥要求不高，每年施1~2次追肥就可以满足生长的全部需要。

病虫害

狼尾草生性强健，少有病虫害。

日常管理

狼尾草对环境适应性较强，日常无需太多关注，干旱炎日的夏季里给予足够的水分供应就可以啦。

繁殖方法

用种子和分株繁殖。

购买方法

紫梦狼尾草在大型花市的绿化部门或是大型园艺店有售，一般是加仑盆种植，也可以春季购买种子播种。

其它

是一种优良的观叶观花植物，常丛植或片植，也可作园林景观中的点缀植物，亦可作花坛、花境背景，另外其全草、根或根茎均可供药。

黑眼苏珊

Thunbergia alata

别名：黑眼花

科属：爵床科山牵牛属

原产地：热带西非

习性：缠绕草本

生长特性：喜温暖、潮湿、喜光

入手方法：购苗、扦插、播种

速查小卡片

所需日照：⛅⛅

所需水分：💧💧💧

耐寒性：❄

耐热性：☀☀

栽培难度：★★

用途：观赏

黑眼苏珊

黑眼苏珊得名于它著名的黑色花心，属多年生蔓性植物，但常作为一年生植物栽培，花期一般在 6~9 月，颜色有白色、橘红色、明黄色等。长长的爬蔓，秀美的叶子，圆圆的五瓣花，明媚的黑眼睛，那种美丽让人一见不忘。

生长特性

黑眼苏珊生性强健，需全日照或微遮阴，喜温暖、潮湿。生长适温 20~28℃。耐寒 9℃，不时修剪可让植株生长更茂盛，促进开花。

浇水要点

正常干湿循环，较不耐旱，及时浇水利于生长。盛夏期经常用水喷淋植株，以提高环境湿度。

种植用土

介质可采用 2 份泥炭、2 份腐叶土混合 1 份珍珠岩或河沙。适宜栽培于排水良好的肥沃、疏松、通透性好的基质。

环境地点

采光良好的阳台或者庭院。

肥料管理

黑眼苏珊喜肥，定植时可用缓释肥做基肥，春至秋季要经常补充液肥，以期不断开花。

病虫害

黑眼苏珊易受红蜘蛛危害，应定期喷洒药剂，保持种植环境的通风，天气一暖和就要定期观察是否感染。

日常管理

定植于直径 20 厘米左右的花盆中，亦适合移栽在吊篮中蔓生。适时摘心，可促进分枝；花后剪茎，改善株型。

繁殖方法

扦插、播种。

特性

黑眼苏珊能攀附他物或匍匐地面生长，春末到秋季开花。黑眼苏珊喜温暖潮湿和全日照阳光充足的环境。生长适温 20~28℃，忌严寒

购买方法

黑眼苏珊在花市秋季有栽好的吊盆出售，另外从播种到开花大概只需 8~9 周，这对急性子的人来说真是个好消息！种子可通过网络购买

品种

黑眼苏珊混合色非常出彩，一定会成为花园中一道亮丽的风景。黑眼苏珊有西班牙之眼系列、苏丝系列、害羞的苏珊系列(粉色系)等品种

添肥方法

　　黑眼苏珊的盆栽很难过冬，在秋季买回后一般不做移栽，而是添加肥料后欣赏。添加肥料的方法如下：

　　黑眼苏珊有时会发生潜叶蝇的虫害，如果发现虫害的痕迹，首先可以摘除叶子或手工掐死虫子，如果虫害严重，也可以喷药。

1

买来的样子

2

掰开支架的扣子

3

小心松开植物

4 倒出肥料

5 加入花盆，稍微埋进去

6 发现潜叶蝇

7 剪去有虫的叶子

8 喷药

黑眼苏珊的花管状，脱落后留下子房结种子。如果单单用手摘掉残花是不够的，需要用剪刀剪除整个花朵部分。

灯笼苘麻

Abutilon megapotamicum

别名：蔓性风铃花、红萼苘麻、灯
笼风铃、红心吐金、垂枝风铃花等
科属：锦葵科苘麻属
原产地：巴西、阿根廷、乌拉圭
习性：常绿蔓生植物
生长特性：喜温暖湿润、阳光充
足，不耐寒，不耐旱
入手方法：购买，扦插、压条

速查小卡片

所需日照：⛅⛅⛅
所需水分：💧💧
耐寒性：❋
耐热性：☼ ☼
栽培难度：★★
用途：观赏

灯笼苘麻

灯笼苘麻为常绿蔓生植物，其枝蔓柔软，绿叶心形婆娑。花朵奇特，花生于叶腋，花梗细长，花下垂，花萼片心形，红色，花瓣闭合，由花萼中吐出，花瓣5瓣，黄色，花蕊棕色，伸出花瓣，花冠状如风铃，又似红心吐金，姿态娇俏，色彩鲜艳，迎风摇曳，动感飘逸，明丽而可爱，可谓"一朵风铃绿叶间，飘飘荡荡露芳颜"。只要温度适宜，全年都可开花。

生长特性

喜温暖湿润和阳光充足的环境，也耐半阴，不耐寒，也不耐旱。

浇水要点

生长期保持盆土湿润，但不要积水，夏季高温季节早晚向植株喷水，以增加空气湿度。

种植用土

适宜在疏松透气、含腐殖质丰富的土壤中生长。

环境地点

应置于温暖湿润、阳光充足的环境，冬季移入阳光充足的室内，不低于 15℃可正常开花。

肥料管理

每月施1次腐熟的液肥。

病虫害

灯笼苘麻易受红蜘蛛和蚜虫的危害，如有发生应及时采取措施，进行喷药处理。

日常管理

喜温暖湿润和阳光充足的环境，盆栽应设立支架供其攀爬。生长期保持盆土湿润，但不要积水，夏季高温季节早晚向植株喷水，以增加空气湿度。栽培中注意摘心，以促进分枝，使其多开花，并控制植株的高度，保持其美观。冬季移入阳光充足的室内。

繁殖方法

扦插、压条。

购买方法

挑选株型美观，无病虫害的植株。

其他

属于常绿软木质藤蔓状灌木。枝条纤幼细长，分枝很多，很适合作为吊盆栽种观赏。

姜花

Hedychium coronarium Koen

别名：蝴蝶姜、穗花山奈、蝴蝶花、香雪花、夜寒苏、姜兰花、姜黄

科属：姜科姜花属

原产地：印度喜马拉雅山

习性：多年生草本

生长特性：喜高温高湿、稍荫的环境，不耐寒

入手方法：购买块茎或切花

速查小卡片

所需日照：

所需水分：

耐寒性：❀

耐热性：☼ ☼

栽培难度：★★

用途：观赏、药用

姜 花

恬淡淳朴的姜花，是整个夏季的记忆。它一支挺拔的枝条抽出五六朵洁白微黄的花儿，宛如翩翩白蝶，聚集于翡翠簪头，带来沁人心脾的芬芳，从朝到暮。姜花是一种淡水草本植物，高1~2米，地下茎块状横生而具芳香，形若姜。花期5~11月，盛花期8~10月。

浇水要点

刚栽植时不宜浇水过多，以免根茎切口腐烂。生长期需经常保持土壤湿润。

种植用土

保湿力强的肥沃土壤，忌涝。

环境地点

喜温暖、潮湿的环境。生长初期放置在半阴处，生长旺盛期挪至阳光充足处。

肥料管理

充足施用基肥对于姜花的整个生长期相当重要。当花芽分化，形成花蕾到开花前，每7天施用1次氮磷肥可促使花朵茂盛。

病虫害

主要病虫害为叶病毒病、炭疽病，可喷多菌灵防治。

日常管理

不耐寒，喜冬季温暖、夏季湿润环境。夏季花期应适当遮阴，可延长开花期。冬季将茎枝剪除，以便翌年萌发新枝，寒冷地区冬季挖取根茎放室内贮藏。

繁殖方法

分株繁殖。春季切取根茎繁殖，可直接盆栽或地栽，当年夏季可以开花。一般隔3～4年分株1次。

购买方法

选购壮实的块状茎种植，或在初夏购买鲜切花。

用途

姜花是盆栽和切花的好材料，它的花芳香美丽，放于室内可作天然的空气清新器。除作为切花外，也可用于园林中，开花期间似一群美丽的蝴蝶，翩翩起舞，争芳夺艳，无花时则郁郁葱葱，绿意盎然。它的花可以食用，是一种新兴的绿色保健食用蔬菜，根茎和果实还可以入药，有温中散寒、止痛消食之功效，亦可浸提姜花浸膏，用于调合香精中。姜花是古巴和尼加拉瓜的国花，它也是佛教植物五树六花之一。

大岩桐

Sinningia speciosa Benth

别名：落雪泥
科属：苦苣苔科大岩桐属
原产地：巴西
习性：多年生草本
生长特性：性喜温暖、湿润、半阴
入手方法：购苗、扦插、播种

速查小卡片

所需日照：⛅⛅
所需水分：💧💧
耐寒性：❄
耐热性：☀☀
栽培难度：★★
用途：观赏

大岩桐

大岩桐为苦苣苔科大家族中的重要一员，具不规则球状块根。它株型低矮，椭圆形的肥厚叶片翠绿硬挺，毛茸茸的非常有质感，花朵姹紫嫣红，有单瓣、重瓣、双色等品种，花瓣好似温柔细腻的天鹅绒般，让人忍不住想去抚摸一下，是极佳的盆栽植物。

浇水要点

大岩桐的花瓣比较娇嫩，因此浇水时要避开花朵，用手轻轻抬起最下层的叶片，将长嘴壶伸入盆中浇水。当花盆拎上去比较轻，或是花叶有点变软，就表明该浇水了。空气干燥时要经常向植株周围喷水，增加环境的湿度。冬季休眠时，盆土保持干燥就好。

种植用土

大岩桐喜肥沃疏松的微酸性土壤，应选用疏松、透气、利水的栽培介质，如泥炭混合珍珠岩。

环境地点

半日照的阳台或是可遮蔽风雨的庭院。

肥料管理

大岩桐在定植时，加入底肥。长生期每 10 天浇 1 次液肥，薄肥勤施，能使花大色艳、生机盎然。

病虫害

高温多雨时要将盆花搬入室内，否则中心生长点易受病菌侵袭，褐变而枯死。在高温干燥时也易发红蜘蛛病害，危害叶片，种植时注意环境通风，干燥时要经常喷雾增加空气中的湿度。

日常管理

在生长期适当的光照，可促株型矮壮密实，开花更多。开花后，若培养土肥沃加上管理得当，它又会抽出第二批蕾。花后如不留种，从基部剪去花茎，有利继续开花和块茎生长发育。大岩桐叶片上布满茸毛，有时会积聚灰尘，影响美观和生长，可用流水轻轻冲洗叶片，然后用纸巾抹去水渍。

繁殖方法

扦插、播种。

购买方法

春秋季可在花市觅到她的芳踪，可根据已开花的植株来选择。挑选时要挑叶片和花苞多的植株，注意观察叶片是否完好健康。带回家后别着急给它换盆，先让它适应新的环境，以免消蕾。也可以在网上购买进口的种子自己播种，种植得当，大约 4~5 个月就可以看花了。

飘香藤

Mandevilla sanderi

别名：红皱藤、双腺藤、双喜藤、文藤、红蝉花

科属：夹竹桃科双腺藤属

原产地：美洲热带

习性：常绿藤本

生长特性：喜温暖湿润及阳光充足的环境，不耐寒。

入手方法：播种、扦插、购苗、组织培养

速查小卡片

所需日照：☁☁☁

所需水分：◌◌

耐寒性：❊

耐热性：☼☼☼

栽培难度：★★

用途：观赏

飘香藤

飘香藤是一种大家都喜爱的藤蔓植物，它的缠绕茎柔软而有韧性，顺着支架盘旋而上，粉红似喇叭的花儿大而直挺，花茎能达到 6~8 厘米。将它栽种于花园里，当红红的花朵开满藤蔓时，微风袭来，阵阵扑鼻的清香使人心旷神怡，因此就有了"飘香藤"的雅名。从初春到深秋花开不断，花朵从下至上一直开放，花色为红、桃红、金红，粉红等色，且富于变化，有"热带藤本植物皇后"的美称。

生长特性

生长适温为 20~30℃，对土壤的适应性较强，不宜植于过于低洼的场所，以免积水引起缺氧而生长不良。

浇水要点

冬季需要减少浇水，保持土壤干燥。夏季增加浇水，避免土壤完全干透。

种植用土

飘香藤对土壤的适应性较强，但以富含腐殖质排水良好的沙壤土为佳。室内盆栽北方可用腐叶土加少量粗沙，南方可使用塘泥、泥炭土、河沙按 5:3:2 混合配制。

环境地点

阳光充足的阳台或庭院种植。

肥料管理

平时可在盆土中施用平衡缓释肥，生长期每隔 10 天施 1 次液体肥料。春季每周 2 次施用氮磷钾比例均衡的复合肥，晚春或初夏为促使植物开花，可追加磷肥。如果叶尖出现灼伤症状，或叶片顶部和侧面出现黑色斑点，说明植物可能缺肥。

病虫害

病害主要有叶斑病和叶枯病等叶部病害，及根腐病和茎腐病。发病初期可用多菌灵、代森锰锌等药剂防治。根腐病的防治方法主要是为其选择排水良好的基质，浇水保持干湿交替，并且把植物放在明亮、温度高的地方。红蜘蛛和粉虱是危害最大的虫害，可用吡虫啉等进行防治。

日常管理

喜温暖和光照充足的环境，不耐寒，在室外温度低于 7.5℃ 时生长受到抑制。北京地区要在室内防寒过冬，越冬时有可能落叶，直到春季再开花。花期过后要进行修剪整形，偶尔摘除植物生长点有助于保持灌木状，促进分枝，使植株更加丰满。

繁殖方法

播种温度要求在 18~23℃，一般春季进行。扦插常在晚春或初夏选取半木质化的枝条进行，扦插生根时间较长，蘸生根粉可加速生根。

特 性

飘香藤喜温暖湿润及阳光充足的环境，也可置于稍荫蔽的地方，但光照不足开花减少。最适生长温度为 20~31℃，最高温不宜超过 35℃，最低温度为 14℃，低于 10℃ 随时会产生冻害的可能

购买方法

可到花市购买

用 途

花大色艳的飘香藤，株型美观，可做室内盆栽，也可做成球形及吊盆观赏，在庭院中栽培上几株飘香藤，庭院将会充满异国情调

PART 7

 组合盆栽

在学会了基本的栽培知识之后，让我们一起
来挑战用多种植物组合，打造小小盆中花园吧

利用秋季盆花制作组合盆栽的基础方法

1 花盆 ↑

准备合适的花盆，组合盆栽的花盆要比普通的单株花盆稍大，但也不要过大，一般口径18~21厘米的中型比较适合新手。圆形花盆怎么放都可以，正方形花盆一般是直角对前方

2 放主角 ↑

放好底石和 1/3 左右的营养土，把最大的主角植物放在后方的直角位置，这里是特丽莎

3 加土 ←

稍微加土，稳定植物

4 放二号主角 →

把第二重要的植物放在主要植物的正前方，这里是四季海棠

5 放配角 ←

把蓬松蔓延形的配角植物放在与主角和二号主角的对角线处，这里是太阳花

6 放配角 ↑

在另一个对角线处再放一株配角植物，这里是同一品种的太阳花

7 加土 ↑

加土

8 微调 ←

栽种好，微调位置

9 释肥料 ↓

加入缓释肥料

10 浇水 ←

充分浇水

初学者学习的明亮清新
小丽花组合

这是一盆适合初学者学习的组合盆栽，以迷你小丽花作为主角，明亮的黄色和清新的蓝色搭配，互为补色，非常养眼。搭配蓝色系的大花藿香蓟和芸香，相互调和，凸显小丽花精致的花朵，蓝色费利菊点缀其间，蓝色花瓣黄色花蕊可爱至极，暗色调的矾根和薹草，为组合盆栽增加了一些沉稳，花期可以持续到深秋

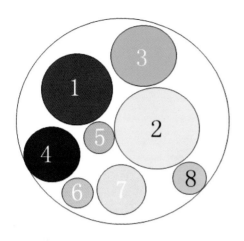

1 大花藿香蓟
2 迷你小丽菊
3 芸香
4 矾根 "印第安纳银币"
5 薹草 "红公鸡"
6 巴格达鼠尾草
7 蓝色费利菊
8 玉簪 "小极光"

养护要点：

时常摘去残花，修剪枝叶，藿香蓟需要修剪，促进开花。到冬季后小丽菊、玉簪和藿香蓟会慢慢枯萎，小丽菊可以挖出块根保存，藿香蓟则可以换成其他植物。

本组合可放置在阳光充足的地方，光线过阴容易徒长。

神秘浓烈的黑色系组合盆栽

黑色叶脉的须苞石竹有着浓烈的色彩，搭配明亮的黄色鬼针草，增加了整体的亮度，过路黄穿插在鬼针草和角堇之间，营造沉稳的感觉，线条状的麦冬"黑龙"藏于叶片之中，偶然能看到伸出来的叶子，这盆组合盆栽整体颜色偏暗，有一种神秘的感觉

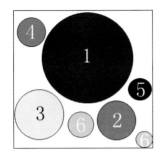

1 须苞石竹
2 角堇 "油画"
3 园艺鬼针草
4 紫叶毛地黄钓钟柳
5 麦冬 "黑龙"
6 花叶过路黄 "末日行者"

养护要点：

　　须苞石竹花后需要人工修剪残花，鬼针草容易蔓延散形，也需要经常修剪，保持株型，促进开花。

夸张大胆的条纹小米菊
和头花蓼组合

红白条纹的小米菊夸张美丽，搭配两种比较淡雅的小花——头花蓼和藿香蓟。藿香蓟淡蓝色，小花清新可爱，具有线条感。头花蓼是淡粉色，具有匍匐性，放在前方垂吊下来，增添了流动性

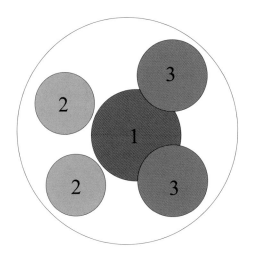

1 小米菊
2 头花蓼
3 藿香蓟

养护要点：
　　小米菊需要时常摘除残花，藿香蓟则在花谢后需要修剪。
添加缓释肥后可以不需要再加肥。

黄色孔雀草和彩叶藤蔓的金秋花盆

明黄色孔雀草强健，株型紧凑，适合用于组合，特别是搭配蓝色系和紫色系的植物，这里选用了紫白条纹花色的直立型美女樱，让整个组合充满生机。配角植物选择了黄色花叶的悬星藤，与孔雀草的颜色相映成趣

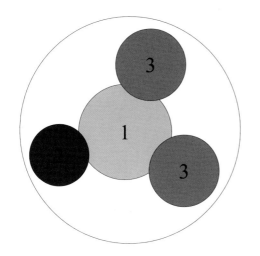

1 孔雀草黄色小花型
2 美女樱紫白条纹
3 花叶悬星藤

养护要点：

孔雀草和美女樱都是一年生植物，经过修剪，花期可以维持很长时间，在整个花期结束后可以将悬星藤挖出重新种植。

丽格海棠和美女樱
的艳色混搭

丽格海棠通常被单独种成大盆观赏，其实作为组合它也是很不错的花材。淡粉色的丽格海棠搭配红白双色的美女樱，以及呈垂吊状的多花素馨。如果冬季放在温暖的室内，这是一个可以持续到春季的组合，届时多花素馨还会开放淡粉色的小花，更增色一层

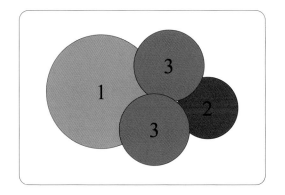

1 丽格海棠
2 美女樱红白条纹
3 多花素馨

养护要点：

丽格海棠需要及时摘除残花，美女樱也需要时常修剪来维护开花性。除了最初放些缓释肥，后期还可以补充液体肥。

图书在版编目（CIP）数据

秋季盆花种养手册/花园实验室等著. —北京：
中国农业出版社，2018.2
（扫码看视频·花市植物种养系列）
ISBN 978-7-109-23829-9

Ⅰ．①秋… Ⅱ．①花… Ⅲ．①花卉－盆栽－手册
Ⅳ．①S68-62

中国版本图书馆CIP数据核字(2018)第001596号

中国农业出版社出版
（北京市朝阳区麦子店街18号楼）
（邮政编码 100125）
责任编辑 国 圆 郭晨茜 孟令洋

北京中科印刷有限公司印刷 新华书店北京发行所发行
2018年2月第1版 2018年2月北京第1次印刷

开本：700mm×1000mm 1/16 印张：9.75
字数：240千字
定价：49.00元
（凡本版图书出现印刷、装订错误，请向出版社发行部调换）